식물학 수업

'ZASSO' TOIU SENRYAKU

Copyright © 2020 Hidehiro Inagaki
Korean Translation Copyright © Kyra Books, 2021

Korean translation rights arranged with Nippon Jitsugyo Publishing Co., Ltd., Tokyo
through Korea Copyright Center, Inc., Seoul

이 책의 한국어판 저작권은 (주)한국저작권센터(KCC)를 통한
저작권자와의 독점계약으로 키라북스에 있습니다.
저작권법에 의해 한국 내에서 보호를 받는 저작물이므로 무단전재와 복제를 금합니다.

**불확실한 시대를
살아가는
잡초의 전략**

식물학 수업

이나가키 히데히로 지음 | 장은정 옮김

Kyra

이 책에 등장하는 식물

❶ 질경이

굳이 가혹한 환경을 선택하는
'밟히기 전문가'의 전략은? (69쪽)

❷ 괭이밥

눈에 띄지 않는 자그마한 잡초에
매료되는 까닭은? (91쪽)

❸ 뚝새풀

논과 밭에서 살아남기 위해
어떻게 전략을 달리했나? (141쪽)

❹ 도꼬마리

안달복달? 천하태평?
두 개의 씨앗에 숨겨진 비밀은? (143쪽)

❺ 고마리

아름다운 꽃 아래 땅속에 숨겨둔
또 하나의 무기란? (149쪽)

❻ 새포아풀

골프장의 잡초는 왜 '쓸모없어 보이는 능력'을
끌어안고 있을까? (153쪽)

❼ 양미역취

독으로 라이벌을 밀어내고
승리를 꿈꾸는 전략은 성공할까? (189쪽)

❽ 새삼

생존을 위한 교묘한 기생,
계속될 수 있을까? (192쪽)

들어가는 글

 식물이라고 하면 한자리에서 묵묵히 평생을 살아가는 모습을 떠올릴지 모른다. 조용하게 자기 자리를 지키는 초연한 존재. 하지만 소리를 내지 못하고 움직이지 않는 듯 보인다고 해서 평온하게 살아간다고 멋대로 결론 내리지 말아야 한다.

 세상 모든 생물은 살기 위해 온 힘을 다해 발버둥치고 있다. 식물 역시 마찬가지다. 누구보다 높고 크게 자라서 햇빛을 충분히 받으려 안간힘을 쓴다. 가능한 한 씨앗을 많이 생성해서 자손을 퍼뜨리기 위해 노력한다. 당연히 식물 사이에서도 치열한 경쟁이 발생한다. 빛과 물, 그리고 기름진 토양이 있는 좋은 환경을 차지하기 위한 싸움이다.

 식물 세계는 적자생존 법칙이 지배한다. 경쟁력이 강한 식물이 살아남는 것이다. 그럼 작고 연약한 식물은 어떻게 될까? 모두 절멸하는 것일까? 그렇지 않다는 사실을 우리 눈으로 직접 확인할 수 있다. 산등성이나 도로, 공원 등 곳곳에서 우리는 '잡초'라 불리는 작은 풀을 수없이 발견할 수 있다.

흔히 잡초는 어디에서나 제멋대로 자라나 밟히고 뽑히는 식물로 여겨진다. 그러나 잡초는 아무 데서나 자라지 않는다. 잡초가 주로 자라는 곳을 떠올려보자. 길가, 공터, 공원, 밭, 뜰 등이다. 이런 곳은 일반적으로 식물이 자라기 좋은 환경이 아니다. 오히려 언제 뽑힐지 모르는 곳, 밟히고 꺾이고 깎이기 쉬운 곳이다. 다시 말해 '예측 불가능한 큰 변화가 수시로 일어나는 장소'다. 식물의 생존 자체를 위협하는 험난한 환경이다.

왜 잡초는 이런 가혹한 조건을 선택했을까? 하찮아 보이는 작은 풀은 살기 위해 어떤 전략을 쓸까? 지금부터 이 궁금증에 대해 자세히 살펴보고자 한다. 극심한 변화로 앞일을 알 수 없는 곳에 뿌리 내리고 살아가는 식물의 이야기는 가혹한 시대를 맞닥뜨린 우리의 모습과 닮아 있다. 오늘날을 부카VUCA의 시대라고 한다. 부카는 변동성Volatility, 불확실성Uncertainty, 복잡함Complexity, 애매함Ambiguity의 첫 글자를 따서 만든 단어로 본래 군사용어였으나 최근 비즈니스 세계에서도 종종 사용한다. 세상은 하루가 다르게 변화하며 불확실하고 불명확한 것으로 넘쳐난다. 거센 변화의 한가운데를 살아온 잡초의 전략은 지금 이 시대를 사는 우리에게 유용한 가르침이 될 것이다.

차례

들어가는 글   6

제1부 잡초의 탄생

제1강 식물 세계의 혁명

    1. 작은 것이 큰 것을 제압하다   17
    2. 급변하는 세상일지라도 스스로 낙오자가 되어서는 안 된다   21

제2강 생존을 건 승부

    1. 이길 수 있는 싸움을 한다   33
    2. 강함에도 여러 가지가 있다   42

제3강 변화에 적응하는 법

    1. 강함이란 약함을 아는 것   55
    2. 강하다는 것은 한 가지 형태가 아니다   58

제2부 식물에게 배우는 성공 법칙

제4강 역경을 내 편으로 만들어라
1. 위기는 기회   67
2. 부드러움이 강함을 이긴다   72
3. 성장점을 낮추다   77
4. 기회는 준비된 자에게만 온다   85

제5강 목적지에 가는 방법은 여러 가지다
1. 바꿀 수 없다면 받아들이고 바꿀 수 있다면 바꿔라   95
2. 규칙에 얽매이지 않는다   99
3. 변화하지 않기에 변화할 수 있다   104

제6강 변화에는 기회가 숨어 있다
1. 임기응변   111
2. 변화는 생존의 실마리   115

제7강 파도에 올라타라

    1. 바꿀 수 없다면 빨리 받아들여라　　　　　　　　　　121

    2. 환경에 맞춰 방법을 바꾼다　　　　　　　　　　　　128

제8강 다양성의 힘

    1. 끝없이 도전한다　　　　　　　　　　　　　　　　　139

    2. 싸울 장소는 좁히되 무기는 줄이지 않는다　　　　　143

    3. 불필요한 개성은 없다　　　　　　　　　　　　　　151

제9강 상식을 뛰어넘은 잡초

    1. 식물이 변화에 살아남는 조건　　　　　　　　　　　161

    2. 이상적인 잡초　　　　　　　　　　　　　　　　　　167

제3부 식물의 철학

제10강 식물의 생존 전략 6가지

전략 1. 도미넌트 전략 179

전략 2. 코스모폴리탄 전략 182

전략 3. 로제트 전략 185

전략 4. 알레로파시 전략 189

전략 5. 기생 전략 192

전략 6. 덩굴 전략 195

제11강 식물이 가르쳐준 것

1. 모든 것은 양면성을 갖는다 199

2. 애매함을 받아들여라 201

3. 크다고 강한 것은 아니다 203

나가는 글 205
부록_이나가키 히데히로 교수의 '잡초와 인생' 207

제1부

잡초의 탄생

잡초는 지구에서 가장 진화한 식물이다. 말도 안 되는 소리라고 생각할지 모른다. 우리는 '가장 진화한 식물'이라고 하면 어딘가 신비로운 장소에 사람의 눈에 띄지 않고 자란 희귀한 식물을 상상한다. 반면 잡초는 우리 주위에서 흔히 볼 수 있다. 사람과 동물, 심지어 자동차가 밟고 지나가도 죽지 않는다. 뿌리째 뽑혀도 끈질기게 살아남는다. 그런 잡초가 가장 진화한 식물이라니 믿기 어려운 것도 이해할 수 있다.

 하지만 잘 생각해보자. 가장 진화한 생물은 가장 생존력이 뛰어날 것이다. 당연히 가장 많은 개체 수를 갖는다. 우리가 흔히 볼 수 있는 식물이 진화의 최상층에 있다는 의미다. 그렇다면 잡초가 가장 진화한 형태라는 사실이 전혀 놀랍지 않다.

 대체 식물은 어떤 진화 경로를 거쳐왔으며 어떻게 잡초라는 형태에 도달했을까? 지구 환경은 유구한 시간의 흐름 속에서 엄청난 변화를 거듭했다. 식물은 그 격동의 시대를 극복하고 적응하며 살아왔다. 환경과 진화라는 장대한 드라마의 끝에는 길가의 작은 잡초가 있다. 이제부터 식물 진화의 역사를 살펴보며 잡초가 어떻게 탄생하고 살아남았는지, 그 전략을 알아보자.

제1강

식물 세계의 혁명

1
작은 것이 큰 것을
제압하다

큰 것이 좋은 것인가?

 일찍이 크면 클수록 좋다고 여기던 시대가 있었다. 기업이나 비즈니스 이야기가 아니다. 식물 세계의 이야기다.

 식물은 크기가 클수록 유리하다. 햇빛을 받아 광합성을 해야 살아갈 수 있으므로 주변 식물보다 키가 커야 더 높은 위치에서 빛을 많이 받을 수 있다. 크다는 것은 그만큼 경쟁력이 있다는 뜻이다. 다른 식물의 그늘 밑에서는 광합성을 충분히 할 수 없다. 그래서 식물은 앞다퉈 키를 키웠다. 서로 경쟁하며 점점 높이 솟아올랐다.

 공룡의 시대가 그 정점이었다. 거대한 식물이 숲을 이루었다. 키가 커지니 광합성 이외에 또 다른 장점이 생겼다. 잎이 높이 달려 있어 초식 공룡이 다가와도 쉽게 먹히지 않고 몸을 보호할 수 있었다. 시

브론토사우루스(위), 트리케라톱스(아래)

간이 흘러 초식 공룡은 키가 큰 식물을 먹을 수 있도록 진화했다. 공룡의 몸집이 커진 것이다. 그러자 식물은 거대해진 공룡에게 먹히지 않기 위해 더 높이 키를 키웠고 공룡은 식물을 먹기 위해 한층 더 거대해졌다.

이렇게 식물과 공룡은 경쟁하듯 점점 커졌다. 더 거대한 자가 승리하는 것. 끝없는 경쟁의 시작이었다. 식물은 주변의 다른 식물은 물론 초식 공룡과 생존 경쟁을 벌이며 거대화의 길로 나아갔다.

크기 경쟁 시대의 종언

자연계는 경쟁 사회다. 강한 자가 살아남는다. 강해지려면 몸집이 큰 편이 효과적이다. 거대함은 곧 강하다는 표시였다. 식물과 크기 경쟁을 벌이는 동안 초식 공룡은 높이 달린 나뭇잎을 먹기 위해 목이 긴 형태로 진화했다. 브론토사우루스가 대표적이다. 식물은 식물 간 경쟁을 넘어서 공룡과도 확대 경쟁을 벌였다. 큰 것이 압도적으로 유리했고 크기는 강함과 동일시됐다.

그러다 크기 경쟁 시대가 종말을 맞이했다. 공룡의 시대가 저물어갈 무렵 식물 세계에는 상상할 수 없었던 놀라운 변혁이 일어났다. 바로 '풀'이 등장한 것이다. 풀은 높이 자라지 않고 지면에 바짝 붙어 피어났다. 클수록 유리하다는 이전의 가치관을 풀이라는 혁신적인 개체가 완전히 뒤집었다. 새로운 시대가 시작되었다.

풀이 공룡을 바꾸다

풀이 선보인 새로운 가치관과 전략은 공룡의 유형에도 커다란 변화를 가져왔다. 백악기에 들어서자 트리케라톱스로 대표되는 목이 짧은 공룡이 등장했다. 트리케라톱스는 키 큰 나무의 이파리를 먹지 못한다. 지면에 깔리듯 돋아난 풀을 먹기 위해 진화한 형태다. 트리케라톱스는 풀을 먹는 소나 코뿔소와 닮았다. 새롭게 탄생한 풀이라는 개체에 대응하기 위해 공룡 또한 변화했다.

2
급변하는 세상일지라도
스스로 낙오자가 되어서는 안 된다

식물은 나무에서 풀로 진화했다

 진화라고 하면 단순한 것에서 복잡한 것으로 이동한다고 생각하기 쉽다. 실제로 단세포 생물이 다세포 생물로 세포 분열을 통한 진화가 이뤄지기도 했다. 그래서 식물도 단순한 구조를 띤 작은 '풀'보다는 복잡하게 가지를 뻗은 '나무'가 더 진화된 상태라고 오해받는다. 하지만 사실 그렇지 않다.

 물론 진화의 역사에서 지상에 맨 처음 발을 디딘 식물은 이끼 같은 작은 식물이었다. 이것이 양치식물로 진화하는 과정에서 거대해졌고 곧 빽빽한 숲을 이루었다. 그렇게 거대하고 웅장해진 나무가 어떻게 작은 풀로 진화한 것일까? 그 이면에는 환경의 변화라는 근본 요인의 작용이 있었다.

공룡이 번영하던 시대는 기온이 높고 광합성에 필요한 이산화탄소의 농도도 높았다. 식물이 성장하는 데 최적의 환경이었던 셈이다. 그러한 조건에서 식물은 왕성하게 자랐다. 그러나 환경이 변화하며 그 시대가 끝나고 새로운 시대가 찾아왔다.

이 무렵 맨틀 대류의 움직임으로 지구상에 하나뿐이던 대륙이 분열하며 이동했다. 갈라진 대륙과 대륙이 충돌하면서 일그러져 솟아올라 산맥을 형성했다. 산맥에 부딪힌 바람은 구름이 되어 비를 뿌렸다. 지각 변동이 기후 변동으로 이어졌고 지구의 환경은 불안정한 상태가 됐다.

산에 내린 비는 강을 이루고 강물에 휩쓸린 토사를 운반했다. 토사는 강 하류에 퇴적되어 삼각주를 형성했다. 풀은 바로 이 삼각주에서 탄생했다고 알려져 있다. 새롭게 탄생한 삼각주라는 환경은 불안정하기 짝이 없었다. 무엇보다 언제 비가 쏟아져 홍수가 날지 알 수 없었다. 강이 범람해 토사를 깎아내고, 또다시 범람해 이번에는 토사를 퇴적시켰다. 강의 흐름은 전혀 예측할 수가 없었다. 환경이 이렇다 보니 시간을 갖고 큰 나무가 되길 기다릴 여유가 없었다. 그래서 짧은 기간에 성장해 꽃을 피우고 종자를 남겨 세대교체를 이룰 수 있는 식물이 등장하게 되었다. 그것이 바로 풀이다.

클수록 좋다고 여겨지던 시대가 가고 '속도와 변혁의 시대'가 온 것이다.

진화의 요인

그럼 나무에서 풀로의 획기적인 진화는 어떻게 진행된 것일까? 식물의 진화를 가속화한 가장 큰 요인은 겉씨식물에서 속씨식물로의 변화다.

생물 시간에 배운 것을 떠올려보자. 겉씨식물은 밑씨가 겉으로 드러나 있고 속씨식물은 밑씨가 씨방에 싸여 있어서 겉으로 드러나지 않는 식물이다. 그래서 겉씨식물은 '알몸'을 뜻하는 한자를 써서 나자裸子식물, 속씨식물은 '덮다'는 뜻의 한자를 써서 피자被子식물이라고도 부른다. 이 차이가 바로 식물의 진화에서 큰 변혁을 가져왔다.

밑씨가 드러나 있는지 아닌지의 차이가 왜 그렇게 중요할까? 밑씨는 종자(씨)의 바탕이 되는 중요한 기관이다. 꽃가루가 암술에 날아와 붙으면 밑씨의 난세포와 꽃가루 속 정세포의 수정이 이루어져 식물의 종자가 만들어진다. 식물에게 밑씨는 종족 보존에 있어 가장 중요한 부분인 것이다.

그렇다면 겉씨식물은 어째서 이토록 중요한 밑씨를 드러내놓은 것일까? 밑씨가 종자가 되려면 꽃가루와 수정을 해야 한다. 바람을 타고 날아오는 꽃가루를 잡아 수정을 하려면 밑씨를 노출시키는 편이 가장 용이하다. 그러나 성숙한 난세포를 언제까지나 바깥 공기에 닿은 상태로 방치할 수는 없다. 그래서 겉씨식물은 날아온 꽃가루를 한 차례 거두어들인 다음에 밑씨를 성숙시킨다. 주문을 받고 나서 장

속씨식물은 속도로 승부!

겉씨식물

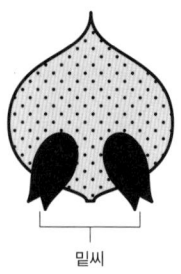

밑씨

드러나 있는 밑씨가
꽃가루를 거두어들인 뒤
성숙한다

예를 들면

주문을 받고 나서 손질하는
장인의 장어 요릿집

속씨식물

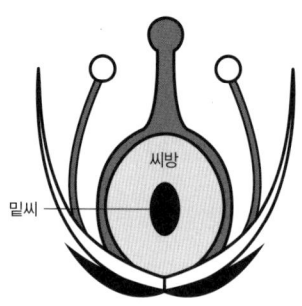

씨방
밑씨

씨방에 싸여 있는 밑씨가
성숙한 상태에서
꽃가루를 받아들인다

예를 들면

미리 만들어놓고 파는
패스트푸드점

어를 손질하기 시작하는 장인의 요릿집처럼 말이다. 그래서 꽃가루가 밑씨에 도달하고 나서 수정을 하기까지 짧게는 몇 개월에서 길게는 1년 이상이 걸린다.

한편 속씨식물은 밑씨가 씨방에 싸여 있으므로 식물의 몸속에서 안전하게 수정이 이루어진다. 따라서 식물은 꽃가루가 날아오기 전부터 밑씨를 성숙시킨 상태로 준비해둘 수 있다. 주문을 받기 전에 이미 음식을 준비해 놓는 패스트푸드점과 같다. 그리고 꽃가루가 날아오면 즉시 수정을 시작한다. 꽃가루가 암술에 붙은 뒤 수정까지 길어야 며칠, 빠르면 몇 시간 안에 진행된다. 겉씨식물이었다면 1년이라는 긴 시간이 필요했는데 이제 눈 깜짝할 새 수정이 끝나게 된 것이다. 그야말로 극적인 속도 상승이다.

속씨식물은 빠르고 지속적으로 종자를 만들었고 단기간에 세대교체를 해나갔다. 세대교체의 주기가 빨라지면서 새로운 환경을 받아들이고 적응하는 진화 과정도 더불어 진척된 셈이다. 다시 말해 식물의 진화가 빠르게 진행되었고 변화하는 지구 환경에 가장 적합한 개체, 풀이라는 새로운 유형이 등장하게 되었다.

식물이 공룡을 밀어냈다

공룡 시대가 끝나갈 무렵 트리케라톱스를 비롯한 초식 공룡이 출

공룡 시대의 식물

현했다. 처음에 나뭇잎을 먹던 초식 공룡은 풀의 등장과 함께 소처럼 지면 위에 돋아난 식물을 먹는 형태로 진화했다. 그런 변화에 적응하지 못한 초식 공룡은 어떻게 되었을까?

속씨식물이 지구를 지배하게 되자 겉씨식물은 경도가 높은 추운 지역으로 쫓겨났다. 이때 겉씨식물을 먹고 살던 공룡도 함께 추운 지역으로 이동했다고 알려져 있다. 하지만 거기에서 끝나지 않았다. 속도가 붙은 식물의 진화는 멈출 줄 몰랐다. 속씨식물은 짧은 생존 주기를 최대한 활용해 살아남기 위한 다양한 전략을 궁리하며 변화를 거듭했다.

예를 들어 초식 공룡에게 먹히지 않도록 알칼로이드 같은 독성이 있는 화학 물질을 생성하는 식물이 생겨났다. 트리케라톱스처럼 풀을 먹을 수 있도록 진화한 초식 공룡은 식물이 만들어내는 독성 물질에 대응하지 못해 소화 불량을 일으키거나 중독되어 죽은 경우가 종종 발생한 것으로 추정된다. 백악기 말의 공룡 화석을 살펴보면 내장 기관이 비정상적으로 비대해졌거나 알의 껍질이 얇아지는 등의 중독으로 추정되는 심각한 장애를 찾아볼 수 있다. 공룡의 시대가 완전히 막을 내리는 시기에 이르면 트리케라톱스와 같은 뿔룡 무리도 종류가 현격히 줄어들었다.

공룡을 멸종시킨 원인은 소행성의 충돌이라고 한다. 그러나 식물의 진화 속도가 빨라지면서 시대 변화에 대응하지 못한 공룡은 이미 궁지에 몰려 있었다. 멸망의 길을 걷고 있었던 것이다.

한층 더 커지고 빈번해진 변화

변화에 대응하기 위한 식물의 진화는 빙하기에 더욱 가속화됐다. 빙하는 대지를 깎아 지형을 변화시켰고 빙하가 녹은 물은 강을 이뤄 대지에 범람했다. 이렇듯 빙하가 만들어낸 특수한 환경에서 생존하기 위해 식물은 진화를 거듭했다. 더구나 지구에 더 큰 변화를 초래하는 사건이 일어났다. 바로 인간의 등장이다. 지구 역사상 최강이자 최악의 생물이 탄생한 것이다. 인간은 지구 환경을 차례차례 변화시켰다.

인간은 숲을 베어 마을을 만들고 대지를 경작해 밭을 일구었다. 여태까지의 자연에서는 일어날 리 없던 예측 불가능한 변화가 빈번하게 발생하기 시작했다. 변화의 크기와 빈도는 이전과는 비교할 수 없을 정도였다.

이 지극히 특수한 '변화하는 환경'에 적응한 것이 '잡초'라 불리는 식물군이다. 잡초는 느닷없이 생겨난 하찮은 존재가 아니다. 잡초는 인간이 만들어낸 예측 불가능한 변화에 적응하며 특수한 진화를 이룩한 식물이다.

전략 없는 성공은 없다

드디어 식물의 역사에 잡초가 등장했다. 잡초의 생존법을 자세히 살펴보기에 앞서 자연계에서 살아남는 생물의 기본 전략을 먼저 알아보려 한다. 또 식물의 생존 전략에 필요한 요소도 다룰 것이다.

식물을 말하면서 '전략'이라는 단어를 사용하니 생소하게 느껴질 수 있는데, 그것은 고정관념에 불과하다. 자연계는 가혹한 경쟁 세계다. 엄청난 생존 경쟁이 펼쳐지고 있고 이기지 못하면 자연계에 발을 붙일 수 없다.

자연계는 인간의 비즈니스 세계보다 훨씬 격렬한 전쟁터다. 이미 몇억 년 전부터 계속되어온 생물의 파란만장한 서사시다. 지금 우리 눈앞에 있는 생물은 그런 경쟁에서 싸워 승리를 쟁취한 것이다. 그런 생물에게 전략이 없을 리 만무하다. 생물은 어떻게 험난한 세상을 견뎌냈을까? 그 전략의 비밀을 살펴보자.

질경이

제2강

생존을 건 승부

1
이길 수 있는
싸움을 한다

전략은 한 가지가 아니다

풀은 새로운 시대에 맞춰 진화한 식물이고 나무는 구시대 유형이다. 그렇다고 나무가 쓸데없다는 뜻은 아니다. 만일 나무가 필요 없었다면 이미 지구상에서 멸종됐을 것이다. 하지만 아직까지 풀뿐 아니라 나무도 많이 존재한다. 나무도 나름대로 변화에 맞춰 진화해왔다는 의미다.

그렇다면 나무와 풀, 과연 어느 쪽이 더 효과적으로 적응했을까? 우리는 습관적으로 우위를 가늠하고자 하지만 이런 비교는 아무 의미가 없다. 자연의 세계에서 정답은 하나가 아니다. 어느 쪽을 선택해도 장단점이 있을 수 있다. 환경과 조건에 따라 풀의 전략이 유리할 때가 있고 나무가 유리할 때가 있다. 예를 들어 풀은 초원에서 훨씬 생존하기 좋고 나무는 숲에 더 적합하다.

　이렇게 말하면 처음부터 풀은 초원에서, 나무는 숲에서 자란 것처럼 들리지만 순서는 정반대다. 즉 나무가 살기 좋은 곳에 나무가 자라서 숲을 이룬 것이고, 풀에게 유리한 곳에 풀이 자라서 초원이 된 것이다.

　어느 쪽 전략이 더 뛰어난가의 문제가 아니라 '어떤 장소에서 자라는가'가 핵심이다. 장소에 따라 강한 쪽이 살아남는다.

강점으로 승부한다

　비즈니스에는 핵심 역량core competence이라는 말이 있다. 타인을 압도적으로 넘어서는 능력 또는 타인이 흉내 낼 수 없는 독자적인 능력을 가리키는 말이다. 따라서 핵심 역량을 계발하고 발휘하는 것이 매우 중요하다. 자신의 강점을 알고 그것으로 승부해야 한다는 뜻이다.

　그런데 하루하루 버텨내기도 힘든 경쟁 사회에서 자신의 강점을 찾아 핵심 역량으로 발전시키기는 그리 쉬운 일이 아니다. 눈앞의 경쟁에서 이기는 것이 우선이라고 생각할 수도 있다.

　하지만 정말 그럴까? 식물을 넘어서 생물 전체로 눈을 돌려보자. 생물에게 핵심 역량의 존재는 생사를 가르는 중요한 요인이다. 자신만의 강점이 없다면 지구상에서 살아남기 어렵다. 예외는 있겠지만 이론적으로는 자연계에 살아 있는 모든 생물은 핵심 역량을 갖고 있다. 다만 핵심 역량이라는 말 대신 '니치niche'라고 표현한다.

니치는 틈새가 아니다

니치는 비즈니스 세계에서도 종종 사용하는 용어다. 니치 마켓niche market, 니치톱niche-top 같은 용어를 미디어에서 흔히 만날 수 있다. 여기서 니치는 '틈새'라는 뜻이다. 예컨대 대기업이 격전을 벌이는 분야에서도 치열한 싸움터에서 벗어나 있는 틈새가 있다. 그것을 니치라고 한다. 또는 다른 기업이 미처 생각하지 못한 상품을 특화시켜 선보이는 니치 전략도 있다.

흥미롭게도 니치는 본래 생물학 용어다. 그것을 비즈니스 세계에서 가져다 쓰는 것이다. 생물학에서 니치는 '생태적 지위'라고 풀이할 수 있다. 다시 말해 어떤 생물이 가장 높은 지위를 획득할 수 있는 영역을 의미한다.

생물의 세계는 강한 자만이 살아남는 철저한 적자생존의 법칙을 따른다. 생물의 '종과 종의 경쟁'에서도 마찬가지다. A라는 종과 B라는 종이 먹이를 차지하기 위해 치열한 경쟁을 벌인다. 자연계의 경쟁은 인간 사회보다 훨씬 살벌하다. 한쪽이 죽을 때까지 싸움은 계속된다. 그 결과 승자가 살아남고 패자는 멸종한다. 일등만 살아남고 이

등은 절멸한다. A와 B가 공존하는 일은 있을 수 없다. 이것이 자연계의 경쟁이다.

하지만 이상한 점이 있다. 일등만 살아남는 것이 철칙이라면 세상에는 단 한 종류의 생물만 존재해야 마땅하다. 그런데 어째서 자연계에는 이렇게 수많은 생물이 살고 있을까?

일등이 될 수 있는 하나뿐인 영역

그 이유는 일등이 되는 방법이 한 가지가 아니기 때문이다. 어떤 먹이를 차지하는 데 일등, 어느 장소를 차지하는 데 일등이 될 수 있다. 또 같은 장소라도 계절이나 시간에 따라 일등이 다를 수 있다. 이렇게 생각하면 일등이 되는 방법은 얼마든지 있다. 현재 생존하는 모든 생물은 나름의 영역에서 일등인 것이다. 영역을 다양하게 구분해서 일등의 자리를 나눠 가졌다.

일등을 나눠 갖는다고 하면 사이좋게 공존하는 모습을 떠올릴지 모르지만 현실은 그렇지 않다. 일등만 살아남는 것이 철칙이므로 항상 치열한 경쟁이 일어난다. 아무리 작은 영역에서라도 일등이 되기 위해서는 경쟁자와 싸워 이겨야 한다. 그것이 생물의 세계다.

생물이 일등을 쟁취하는 방법은 많지만 어떤 영역에서 일등이 되었다면 거기서는 그 생물만 살아남는 것이다. 그 영역이 곧 니치, 일등이 될 수 있는 하나뿐인 영역이다.

생물의 경쟁은 니치를 거머쥐기 위한 싸움이라고 해도 무방하다. 어딘가에서는 일등이 되어야 한다. 이길 수 있는 영역을 찾아야 한다. 니치를 잃은 자는 지구상에서 전멸한다. 생물의 니치는 비즈니스의 핵심 역량이다. 기업이 살아남기 위해서 핵심 역량이 필요한 것처럼 생물은 죽지 않기 위해서 니치가 필요하다.

날지 못하는 것이 아니라 날지 않는 것이다

일등이 될 수 있는 니치를 획득하기 위해서 중요한 것은 무엇일까? 바로 자신의 강점으로 승부하는 것이다. 하지만 같은 능력이라도 환경에 따라 그 능력은 크게 달라진다. 예컨대 헤엄을 치는 데 적합하도록 진화를 거듭한 물고기를 육지에 올려놓으면 펄떡이며 뛰어오르는 것밖에 하지 못한다. 능력을 발휘할 수 있는 장소가 아니면 의미가 없다. 땅 위를 빨리 달릴 수 있는 타조가 하늘을 나는 새를 흉내 내려 한다면 그 역시 가치 없는 새가 된다. 날아오르기를 꿈꾸는 대신 누구보다 빨리 달릴 수 있는 다리의 힘을 키우는 것이 니치를 손에 넣는 길이다. 타조는 날지 못하는 새가 아니라 달리기를 선택한 '날지 않는 새'다.

생물은 각각의 환경에 맞춰 생존 전략을 선택하고 거기에 적합한

같은 울새 종이라도 먹이를 찾는 장소는 각기 다르다.
나무에서 먹이를 잡는 종류도 있고 물가에서 먹이를 찾는 종류도 있다.
각자 최고의 능력을 발휘하는 니치를 갖고 있다.

장소에서 살아간다. 모든 생물은 자신의 강점을 살리는 데 최선을 다하고 있다. 기업으로 치면 핵심 역량을 살릴 수 있는 사업영역을 결정하는 것이다. 일등이 될 수 있는 능력을 보유하고 능력을 발휘할 수 있는 영역을 찾아야 한다. 주변의 전략을 흉내 내봐야 소용이 없다.

니치는 작을수록 좋다

일등이 될 수 있는 영역을 찾아서 차지하는 것은 쉽지 않다. 우리가 어떤 분야에서 일등이 되려면 어떻게 해야 할까?

예를 들어 '세계에서 가장 발이 빠른 사람'이라는 영역을 생각해보자. 그 니치를 거머쥘 수 있는 것은 전 세계에서 단 한 사람, 올림픽 금메달리스트뿐이다. 하지만 세계에서가 아니라 한국에서 일등이라면 어떨까? 전국이 아니라 지역이나 도시에서 일등은 어떨까? 학생이라면 학교나 반에서 일등을 할 수도 있다. 반에서 일등도 어렵다면 운동회에서 같이 뛴 사람 중 일등이라도 괜찮다. 영역의 범위가 좁아지면 일등이 되기 수월해진다.

앞서 말했듯이 니치란 작은 틈새를 가리키는 말이 아니다. 일등이 될 수 있는 영역은 클 수도 작을 수도 있다. 하지만 아무래도 조건과 범위를 좁히면 일등의 자리를 차지하기 쉬워진다. 세계에서 제일 빨리 달리는 영역에서 일등을 계속 유지하기는 어렵다. 올림픽 금메달리스트라도 마찬가지다. 확실히 이기려면 범위를 좁혀야 한다.

그래서 자연계의 니치는 점점 작아지는 경향을 보인다. 한 반에서 달리기 일등을 했다 해도 옆 반에도 또 그 옆 반에도 일등이 따로 있다. 그런 식으로 각자의 영역에서 일등을 나누어 가질 수 있어야 유리하다.

피하기 전략

나는 반에서 일등이고 친구는 옆 반에서 일등. 이것으로 끝나면 모두 행복할 텐데 현실은 그렇지 않다. 옆 반의 친구가 '학교에서 일등'이라는 더 큰 니치를 노리고 도전할지도 모른다. 그 싸움에서 패하면 '학교에서 이등'이 된다. 생물이라면 그대로 멸종이다.

또 반이 바뀌어 옆 반의 일등과 같은 반이 될 수도 있고, 달리기를 잘하는 누군가가 전학을 올 가능성도 있다. 결코 방심할 수 없다는 뜻이다. 그럼 계속 일등을 유지하려면 어떻게 해야 할까?

일등이 되는 조건을 다각도로 생각해볼 수 있다. 꼭 100미터 달리기로 겨룰 필요는 없다. 1,500미터 같은 중거리도 있고 마라톤 대회도 있다. 학교 운동회에서는 더 다양한 종목이 있다. 위에 매달린 빵을 따 먹고 달리는 경주, 장애물 달리기, 숟가락으로 달걀 옮기기 경주에서 이길 수도 있다. 운동회와는 상관없지만 산수 계산 문제를 빨리 푸는 속도 경쟁에서 이길 수도 있다.

일등이 되는 방법은 이렇게 다양하다. 정면 승부보다 남과 다른 능력을 찾아 발휘하는 것이 좋다. 옆 반의 친구가 도전장을 내밀었다면 제시한 경쟁에서 이길 궁리를 하기보다 그 친구를 이길 다른 종목을 선택하는 것이 좋다.

다른 생물과 니치가 겹치지 않도록 피해가야 한다. 조금 치사해 보여도 일등이 아니면 살아남지 못하는 자연계에서 생존하는 방법이다. 살아남지 못하면 아무 의미도 없다.

2
강함에도
여러 가지가 있다

약자가 살아남는 법

약하다고 모두 사라지는 것은 아니다. 약자라도 전략을 잘 짜면 싸움을 교묘하게 피해갈 수 있다. 이런 '약자의 전략'이야말로 생물의 생존법이다. 비즈니스에서 약자의 전략이라 하면 란체스터 전략 Lanchester strategy을 떠올릴 것이다. 란체스터 전략은 제1차 세계 대전 당시 영국의 엔지니어 프레더릭 란체스터 Frederick W. Lanchester가 발견한 전쟁의 법칙으로 대표적인 '선택과 집중'의 방식이다. 이후 산업계에 적용되어 현재 격전이 벌어지는 비즈니스 세계에서 '판매 전략의 바이블'로 불릴 정도로 중요시되고 있다.

란체스터 전략은 강자와 약자의 입장으로 구분된다. 강자의 전략은 단순하다. 숫자와 규모로 밀어붙이거나 약자와 같은 방식을 쓰되 시장 점유율을 확대해 동질화시킨다. 강자는 경쟁에 유리하므로 가능하면 상대를 경쟁에 끌어들이려 한다. 이것이 강자의 논리다.

그렇다면 약자는 어떻게 해야 할까? 약자는 경쟁에 취약하기에 가능하면 경쟁을 피해야 한다. 그렇다고 아예 싸우지 않을 수도 없다. 그래서 약자의 전략에서는 국지전을 유도해 그곳에 병사를 집중시키는 것이 효과적이다. 다시 말해 '선택과 집중'이 필요하다.

란체스터 전략에서 말하는 강자란 과연 어떤 존재일까? 시장 점유율 1위를 가리킨다. 1위 이외에는 모두 약자이며 2위도 물론 약자에 속한다. 너무 야박해 보이지만 실제로 자연계에서도 그렇다. 자연계에서 이등은 약자다. 특히 경쟁에 패한 이등은 절멸할 운명에 처한다. 자연계의 경쟁이란 가혹하기 그지없다.

하지만 자연계에 있는 모든 생물을 상대로 일등이 되는 것은 불가능하다. 따라서 생물은 기본적으로 강자의 전략을 취하지 않는다. 모든 생물은 선택과 집중을 통해 자신이 유리한 분야에서 생존을 건 승부에 임한다.

물론 뛰어난 경쟁력을 강점으로 분포를 넓혀 나가는 경우도 있다. 그러나 어떤 환경에서나 일등을 유지할 수 있는 생물은 없다. 초원의 생물은 초원에서 경쟁하고 숲에 사는 생물은 숲에서 경쟁한다. 자신에게 가장 유리한 장소를 선택해 경쟁에서 이기려는 것이다. 모든 생물은 선택과 집중을 통해 각자의 핵심 역량을 진화시켜 나가고 다양한 장소와 환경에서 일등을 차지한다. 이렇게 일등을 나누어 갖는 방식으로 다양한 생물이 공존할 수 있다.

식물의 생존 전략에는 세 가지 요소가 있다

1970년대 영국의 생태학자 존 필립 그라임 John Philip Grime은 식물의 성공 요소를 세 가지로 분류했다. 그것을 'CSR 전략'이라 부른다. CSR이라고 하면 비즈니스에서는 '기업의 사회적 책임 Corporate Social Responsibility'을 떠올리겠지만 식물의 CSR은 전혀 다르다. 식물의 성공 전략에서 CSR이라는 세 가지 요소는 자연계 생존의 세 가지 축을 의미한다. 이를 삼각형으로 표현해 CSR 삼각형 이론이라고도 한다.

우선 C는 '경쟁 Competitive'이다. 자연계에서는 언제나 극심한 경쟁이 벌어진다. 경쟁에서 이긴 자는 살아남고 패한 자는 절멸한다. 그것이 자연계의 철칙이며 식물 세계에서도 마찬가지다. 오히려 그 경쟁은 식물 사이에서 더 치열하다. 경쟁이란 한정된 자원을 서로 빼앗아 차지하는 것이다. 초식 동물은 식물을 둘러싸고 쟁탈전을 벌인다. 그러나 땅에서 자라는 풀을 먹는 얼룩말과 높은 나무의 잎을 먹는 기린은 공존할 수 있다. 육식 동물의 경우도 얼룩말을 사냥하는 사자와 작은 쥐를 잡아먹고 사는 여우는 싸울 필요가 없다.

반면 식물은 다르다. 식물에게 자원이란 물과 햇빛과 흙 속의 영양분이다. 거목이든 작은 풀이든 모든 식물에게 공통으로 필요하다. 그

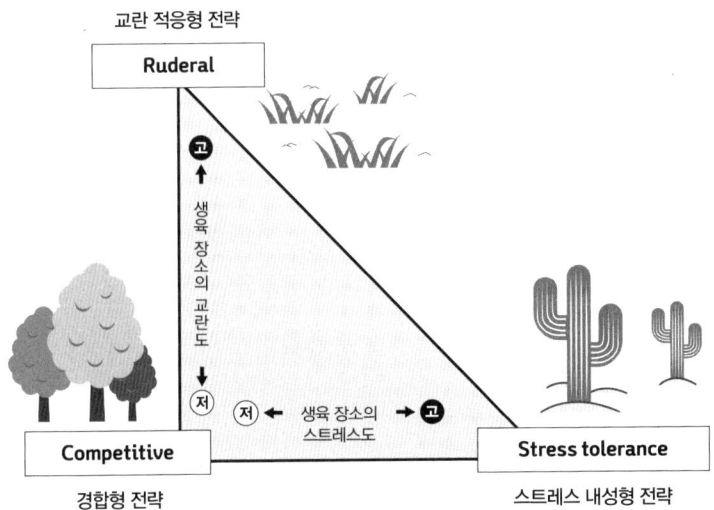

식물의 세 가지 전략 요소

래서 자원을 둘러싼 싸움은 모든 식물 사이에서 일어난다. 경쟁을 피해갈 수 없는 것이다.

경쟁력만이 강점은 아니다

CSR 전략 가운데 경쟁력인 C를 살려서 생존하는 식물의 전략을 '경합형 전략'이라고 한다. 경합형 식물은 이른바 '강한 식물'이다. 빛을 차지하기 위한 경쟁에서는 커다란 식물이 유리하다. 나무가 풀보다 경쟁력이 강하다. 거목이나 깊은 숲을 이루는 식물은 대표적인 경합형 유형이다. 치열한 경쟁 사회에서 높은 경쟁력은 생존의 필수조건이다. 경쟁에 강하면 살아남기 유리하다. 하지만 유일한 성공 요소는 아니다. 자연계를 살펴보자. 온통 깊은 숲으로 뒤덮여 있는가? 그렇지 않다.

이처럼 경쟁에 강한 자만 성공한다고는 볼 수 없는 것이 자연계의 흥미로운 점이다. 경쟁력이 강한 나무가 반드시 성공한다는 보장은 없다. 풀이라는 새로운 전략이 유용한 사례도 있다. 즉 성공을 하려면 경쟁력 이외의 요소가 필요하다. CSR 전략의 S와 R에 해당하는 요소다.

약자가 이기는 조건

축구 시합으로 예를 들어보자. 강호팀과 약소팀이 경기를 하면 과연 약소팀이 이길 수 있을까? 정면으로 승부해서는 결코 승산이 없다. 약자의 전략은 '선택과 집중'이다. 수비에만 집중하다가 한순간 빈틈을 노려 역습하거나 가장 자신 있는 포메이션으로 밀고 나가는 전략도 있다.

하지만 축구에는 제약이 있다. 선수는 11명으로 정해져 있고 축구

장의 넓이와 골대의 크기도 정해져 있다. 아무리 선택과 집중을 해도 변수가 크지 않다. 만일 힘의 차이가 압도적으로 난다면 어떨까? 초등학생과 프로 축구팀 정도로 수준 차이가 난다면 약소팀이 강호팀을 이길 방법이 과연 있을까?

하늘은 맑고 바람도 없다. 잔디는 깔끔하게 정돈되었다. 기왕 시합을 한다면 누구라도 그런 최상의 조건에서 하고 싶을 것이다. 그러나 완벽한 환경에서 시합을 하면 1백 번 싸워봐야 1백 번 모두 승리는 강자에게 돌아갈 것이다.

만일 비가 오면 어떻게 될까? 땅이 질퍽거리고 바람이 강하게 불면 상황은 조금 달라질지도 모른다. 더구나 약소팀이 언제나 질퍽거리는 땅에서 연습을 해왔다면 어떨까? 이변이 일어날 가능성이 조금 더 커질 것이다.

혹은 앞이 보이지 않을 만큼 비가 쏟아진다면 곳곳에 물웅덩이가 생기고 공도 잘 보이지 않을 것이다. 거센 폭풍까지 불어 공을 제어할 수 없다고 가정해보자. 그런 상황에서는 강호팀이나 약소팀이나 누구도 제 실력을 발휘하지 못하므로 선수들은 최악의 날씨를 피하고 싶을 것이다. 하지만 약소팀이 만일 강호팀을 누른다면 바로 이런 조건에서다. 약소팀은 기꺼이 시합에 응하겠지만 강호팀은 시합을 거부할지 모른다. 그렇게 되면 약소팀은 부전승을 거두게 된다.

자연계도 마찬가지다. 정면 승부를 해서 이길 수 없다면 악조건에서 승부하는 수밖에 없다. 다행히 자연계에서는 식물이 생존하기 적합해 보이지 않는 악조건을 종종 발견할 수 있다. 앞서 언급한 S와 R이라는 두 가지 전략은 그런 악조건에서 승부하는 방법이다.

강점은 다양하다

CSR의 두 번째 S는 '스트레스 내성 Stress tolerance'을 뜻한다. 스트레스는 현대 사회를 살아가는 인간에게만 적용되는 말이 아니다. 식물은 물론 모든 생물에게 스트레스가 있다. 스트레스란 생육에 지장을 초래하는 현상이다.

물과 햇빛을 필요로 하는 식물에게는 건조함과 일조량 부족이 스트레스다. 또 더위와 추위도 생존을 위협하는 스트레스가 된다. 스트레스라는 요소에서 강점을 발휘하는 전략이 바로 '스트레스 내성형 전략'이다.

꼭 경쟁에 강한 것만 강점이 아니다. 심한 스트레스를 잘 참아내는 능력도 훌륭한 강점이다. 스트레스 내성형의 대표적인 식물로 선인장을 꼽을 수 있다. 선인장은 물이 없는 사막에 서식한다. 물이 없다는 것은 식물에게 치명적인 악조건이다. 그런 곳에서는 경쟁할 여유가 없다. 다른 식물과의 경쟁보다 물이 없어도 살아남을 수 있는 능력이 요구되기 때문이다. '물이 없다'는 악조건만 극복할 수 있다면 경쟁하지 않고도 생존할 수 있다. 고지대에 사는 고산 식물 역시 스트레스 내성형 전략을 취한다. 극심한 추위와 빙설을 견디는 능력이 고산 식물에게 가장 중요한 생존 조건이다. 거기에는 경쟁력이 필요 없다.

자연계의 모든 생물이 각자 유리한 핵심 역량을 살려서 진화해왔다. 경쟁력이 약하다면 다른 식물과 불필요한 경쟁을 하는 대신 심한 스트레스를 견디는 방식으로 싸워 멸종을 피한 것이다.

변화에 대응하는 강점

CSR의 마지막은 '교란 적응형 Ruderal'이다. 영어 단어 ruderal은 '황무지에 자라는'이라고 직역할 수 있다. 그러므로 황무지 같은 거친 환경에서 생육하는 능력을 강점으로 하는 전략이 바로 '교란 적응 전략'이다.

교란이란 환경이 어지럽혀지는 것을 뜻한다. 자연발화 화재, 화산, 태풍, 산사태, 눈사태처럼 자연에서 발생하는 교란이 있고, 도로, 빌딩 및 광산 건설, 농사를 짓다 방치된 묵밭, 벌목, 관개 등 인간 활동에 기인한 것이 있다. 다시 말해 식물이 살아가는데 예측 불가능한 큰 변화가 갑자기 일어나는 것을 말한다.

교란이 식물의 생존에 이득이 될 리가 없다. 교란이 일어나는 장소에서는 키가 크고 잎이 무성해 경쟁력을 갖춘 식물이 반드시 유리한 위치를 점유할 수 없다. 오히려 경쟁력 따위는 아무 쓸모가 없다. 계속 닥쳐오는 변화에 대응해 유연하게 극복하는 힘이 우선적으로 필요하다.

CSR은 식물 생존의 필수요소지만 식물이 세 유형으로 나뉘는 것이 아니다. 모든 식물에 세 가지 요소가 다 포함되어 있어 균형을 맞춰가며 상황에 맞는 전략을 발달시킨다. 경쟁력을 강점으로 하는 전략을 세워 큰 나무가 되는 식물도 있고, 스트레스 내성력을 강점으로 내세운 선인장과 고산 식물도 있다. 그중에서 변화에 대응하는 힘(교란 적응형)을 강점으로 하여 특이하게 진화해온 것이 '잡초'라 불리는 식물이다.

괭이밥

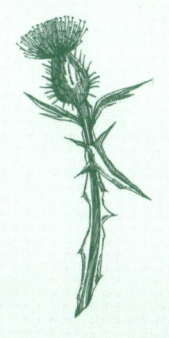

제3강

변화에 적응하는 법

1
강함이란
약함을 아는 것

잡초는 약한 식물이다

일반적으로 잡초가 질기고 강하다고 생각하지만 사실 잡초는 '약한 식물'로 분류할 수 있다. 여기서 약하다는 것은 경쟁에 약하다는 뜻이다.

잡초는 약한 식물이다. 정면승부로는 살아남을 승산이 없다. 그래서 경쟁력이 필요 없는, 예측 불가능한 변화가 일어나는 장소를 택한 것이다. 잡초가 약하기 때문에 경쟁하지 않아도 되는 곳을 선택했다는 것은 바꿔 말하면 변화에 대응하는 능력으로 승부하는 방식을 선택했다는 의미다. 따라서 경쟁력을 높이느라 무리하게 힘을 쏟을 필요가 없다.

그럼 왜 잡초는 강하다고 인식될까? 아스팔트 틈새에서 자라나거나 뽑아도 뽑아도 다시 자라나는 잡초의 특성 때문이다. 결코 다른 식물과의 경쟁에서 강한 것은 아니다. 인간이 만들어낸 도로와 같이 환경의 변화가 많이 일어나는 장소에서 자라나 쉽게 뽑혀버리는 교란을 극복하는 능력이 강할 뿐이다.

물론 잡초가 변화에 대응하는 힘 R을 강점으로 내세운다고 해서 경쟁력이나 스트레스 내성의 요소가 전혀 없는 것은 아니다. 잡초에도 여러 종류가 있다. 작물이나 다른 잡초와 경쟁하는 전략을 쓰는 종류도 있다. 또 물이 없는 건조한 곳이나 길가에 자라는 종류는 스트레스 내성 능력을 갖추어야 한다.

흔히 잡초는 아무 데서나 자란다고 생각하는데 사실은 그렇지 않다. 잡초마다 여러 전략이 있으며 모든 잡초는 CSR이라는 세 가지 요소를 적절히 사용해 자신에게 유리한 환경과 장소를 선택한다.

항상 강한 자가 이기는 것은 아니다

45쪽 그림에서 소개했듯이 식물의 전략 요소인 CSR은 삼각형으로 나타낼 수 있다. 스트레스가 적고 변화라는 교란도 없는 안정된 환경에서는 경쟁력이 효과를 발휘한다. 경쟁에 강한 자가 승자가 되는 것이다. 한편 스트레스가 큰 곳에서는 꼭 경쟁에 강한 자가 이긴다고 볼 수 없다. 필요한 것은 스트레스에 견디는 능력이기에 스트레스 내성형 전략이 유리하다. 또 교란이 큰 장소에서는 경쟁력이나 스트레스에 견디는 힘보다 변화를 극복하는 힘이 요구된다. 교란 적응형 전략이 우세하게 된다.

그렇다면 스트레스가 높고 교란도 큰 곳에서는 어떻게 될까? 스트레스를 견디는 것과 변화에 적응하는 것은 각기 다른 능력이 요구되므로 극심한 스트레스와 교란이 공존하는 곳에서는 식물이 생존할 수 없다. 대부분의 환경은 세 요소의 중간 어딘가에 위치하고 식물은 환경 조건에 따라 적절한 전략을 취한다. 그래서 세 가지 전략은 삼각형 모양을 이루는 것이다.

2

강하다는 것은
한 가지 형태가 아니다

세 가지 전략의 필수 조건

전혀 다른 세 가지 전략 유형에는 필요한 조건도 다르다. 경합형 전략에 중요한 것은 '크기'다. 크기가 클수록 경쟁에 유리하다. 스트레스 내성형에는 '저장' 능력이다. 선인장은 둥글고 두꺼운 줄기에 물을 저장한다. 심한 추위를 견디는 식물은 땅속의 뿌리나 줄기에 영양분을 저장한다.

한편 교란 적응형 전략에서는 무엇이 필요할까? 변화를 극복하기 위해서는 '속도'가 필수적이다. 언제 변화가 일어날지 모르기에 한가하게 있을 여유가 없다. 계속되는 환경 변화에 재빠르게 적응하는 능력이 필요하다.

그리고 또 한 가지 교란 적응형 식물에게 중요한 것이 있다. 바로 다음 세대를 향한 투자다. 끊임없이 일어나는 환경의 변화 이후 다가올 새로운 시대에 교란 적응형 식물은 세대를 갱신하며 계속 새로운 형태로 대응한다. 지금 성공했다고 해서 다음 세대도 성공하리란 보장은 없다. 지금 괜찮다고 거기에 안주해선 안 된다. 다음 세대에 투자하는 방식으로 교란 적응형 식물은 대를 이어간다.

'세 가지 전략 유형 중 어느 것이 유리한가?'라는 질문은 '나무와 풀 중에서 어느 쪽이 유리한가?'와 같은 맥락이다. 답은 환경에 따라 달라진다. 환경에 따라 나무가 적합할 수도 있고 풀이 나을 수도 있다. 그때그때 적합한 전략을 선택해야 한다.

강하다는 것은 한 가지 형태가 아니다. 다른 식물을 압도해 쳐부수는 강함도 있지만 힘든 상황을 참고 견디는 강함도 있다. 갑자기 엄습해 오는 변화를 극복하는 것도 마찬가지다.

싸우지 않는 전략

경쟁에 이기기 위한 전략은 지극히 단순하다. 경쟁에 강한 자가 이긴다. 물론 경쟁에서 이기기란 쉽지 않다. 식물 세계에서는 약자가 강자를 역전하기가 더 어렵다. 몸집이 큰 쪽이 압도적으로 유리하기 때문이다. 키가 크면 식물 생존에 가장 중요한 햇빛을 독점할 수 있다. 반면 작은 식물은 큰 식물의 그늘에 만족하는 수밖에 없다. '규모

빈센트 반 고흐, 〈길가를 따라 핀 엉겅퀴〉, 1888, 반 고흐 미술관

의 이익scale merit'이라는 말은 식물에 딱 어울리는 표현이다. 빛을 가득 받고 성장한 커다란 식물은 풍부한 영양분을 이용해 점점 더 잎이 풍성해진다. 반면 빛을 쏘이지 못한 식물은 큰 식물의 그늘에서 시들어간다.

따라서 크기로 경쟁해 이기기란 쉽지 않다. 식물의 성장은 '상대 성장'이라 하여 기하급수적으로 커진다. 그래서 처음에는 차이가 거의 없었더라도 성장함에 따라 엄청난 차이가 생긴다. 다시 말해 최초의 단계에 키가 큰 식물이 최우선적으로 빛을 쏘일 수가 있다. 조금이라도 뒤처지면 빛을 받기 어렵고 그 차이는 점점 커진다. 경합형 전략으로는 살아남기 힘들다. 그래서 식물은 섣불리 싸우지 않는다. 싸우지 않는 전략을 선택한 것이다.

제2부

식물에게 배우는 성공 법칙

제1부에서는 잡초라 불리는 식물의 특징을 자세히 살펴봤다. 앞서 말했듯이 잡초는 아무 데서나 자라는 풀이 아니다. 무엇보다 잡초는 전략을 고도로 발달시킨 식물이다. 잡초의 전략을 파악하기 위해서는 먼저 생물의 전략에 관한 기본적인 사고와 식물의 전략 3요소를 알아둘 필요가 있다.

다시 강조하지만 생물의 세계에서는 '일등'만이 살아남을 수 있다. 모든 생물은 일등이 될 수 있는 유일한 영역, 니치를 획득하기 위해 경쟁해왔다. 그리고 식물의 전략에는 경쟁력, 스트레스 내성, 교란 적응형의 세 가지 요소가 있으며 잡초는 변화를 극복하는 '교란 적응형'에 해당하는 식물이다.

잡초의 성공 법칙은 '역경×변화×다양성'이라는 공식으로 정리할 수 있다. 이 세 가지 요소를 차례차례 살펴보며 잡초의 성공 법칙을 확인해보자.

제4강

역경을
내 편으로 만들어라

1
위기는 기회

역경을 이용한다

역경은 아군이다. 순풍 만선일 때는 누구나 마음이 해이해진다. 역경이 닥쳤을 때 비로소 사람은 성장한다. 역경을 나쁜 것으로 거부하기보다 역경에서도 좋은 점을 바라보는 긍정적인 사고가 중요하다.

그러나 식물의 역경을 이런 정신적 관점에서 바라보는 것은 맞지 않다. 식물은 매우 합리적으로 각자 생존 전략을 선택한다. 제2강에서 약자가 강자를 이기는 조건으로 '열악한 환경'을 꼽았다. 축구 시합에서 초등학생으로 구성된 약소팀이 프로 축구 선수로 구성된 팀을 이기는 조건을 설명했다. 폭풍우가 내리는 날씨의 질척한 땅에서라면 아무리 프로 선수라도 제 실력을 발휘하기 어렵다.

그렇다고 비가 많이 내리면 된다는 뜻은 아니다. 분명 악조건에서는 이길 가능성이 생기고 무승부로 이끌 수 있을지 모르지만 확실하게 이기기에는 불충분하다. 큰 비나 강풍이라는 악조건에서 이기기 위한 전략은 일반적인 상식과는 다르다는 의미다. 진창 속에서 싸울 수 있는 새로운 능력이 필요하다.

비와 강풍에 특화된 전략을 세운다면 약소팀이 강호팀을 누를 수 있다. 악조건 속에서 연전연승을 거둔다면 그 팀은 더는 약소팀이 아니다. 식물의 세계에서 잡초는 약한 식물이다. 그러나 인간의 눈에는 전혀 연약해 보이지 않는다. 위기를 기회로 만들어낸 잡초의 전략이 잘 들어맞은 것이다.

어떻게 기회를 잡을까?

누구나 역경을 피하고 싶어 한다. 안락하고 평온한 나날을 보내기 원한다. 하지만 안정된 조건에서 승리하려면 남들보다 경쟁력이 뛰어나야 한다. 잘 갖추어진 조건에서는 어김없이 강한 자가 이긴다. 약자에게 기회가 오는 경우는 불안정하고 열악한 상황일 때다. 그러므로 약자는 역경을 두려워해서는 안 된다. 오히려 환영해야 한다. 강자가 제대로 힘을 쓰지 못하는 역경이 약자가 승리할 수 있는 기회이기 때문이다.

그렇다고 해서 남들보다 노력해야 한다거나 이 악물고 애써야 한다는 말은 아니다. 인간의 세계는 근성이 통할지 모르지만 자연계는 근성으로 극복할 수 있을 만큼 만만하지 않다.

역경에도 여러 종류가 있다. 약자인 잡초는 기본적으로 역경을 이용하는 전략을 취하지만 모든 역경을 이겨낼 수 있는 것은 아니다. 사람이나 동물에게 밟히기 쉬운 장소에서는 그런 역경에 강한 잡초가 자라난다. 늘 풀을 베는 곳에는 아무리 베여도 다시 자라날 능력이 있는 잡초가 살아남는다. 잡초는 각자의 핵심 능력에 유리한 장소에서 승부를 하는 것이다.

부드러움과 강함을 겸비한다

땅에 붙어서 자라는 풀은 밟히는 것이 일상이다. 잡초라고 하면 가장 먼저 밟히고 뽑히는 이미지가 떠오른다. 그중에서도 대표적인 식물이 질경이(머릿그림 1)다. 길가나 논두렁에서 흔히 볼 수 있는 질경이는 잎이 커서 일본에서는 '잎이 큰 풀'이라는 의미로 오바코 大葉子 라고 한다.

질경이의 잎은 겉으로는 매우 부드러워 보인다. 하지만 부드럽기만 하면 밟혔을 때 잎이 짓이겨질 것이다. 질경이 잎을 보면 부드러운 잎 속에 튼튼한 잎맥 다발이 지나간다. 부드럽기만 하면 쉽게 상처를 입겠지만 부드러움 속에 견고한 잎맥이 있어서 튼튼하게 받쳐

다양한 종류의 질경이

준다. 그래서 질경이는 아무리 짓밟혀도 여간해서 찢어지지 않는다.

　반대로 줄기는 겉은 단단해서 잘 끊어지지 않고 속은 스펀지 상태로 되어 있어 잘 휘어진다. 줄기 또한 강함과 부드러움을 겸비하고 있다. 밟히기 쉬운 환경에 최적화된 식물인 셈이다.

2
부드러움이
강함을 이긴다

유연하게 받아넘긴다

'부드러움이 강함을 이긴다'는 말이 있다. 말 그대로 강하고 단단한 것보다 부드러운 것이 더 강하다는 뜻으로 해석되기 쉽다. 하지만 사실 부드러움과 강함은 각각의 강점이 있기에 두 가지를 모두 갖추는 것이 중요하다는 뜻이 담겨 있다.

강하기만 하면 세게 힘주었을 때 버티지 못하고 부러져버린다. 부드럽기만 하면 갈기갈기 찢길 것이다. 강함 속에 부드러운 유연함을 지니고 부드러움 속에 제대로 된 강건함을 지니는 것, 그것이 질경이가 밟히는 교란에 강한 비결이다. 이는 '유연함'이라는 단어로도 표현할 수 있다. 사람과 동물에게 끊임없이 밟히는 환경에서 갖추어야 할 것은 외부에서 오는 힘을 적당히 받아넘기는 유연함이다.

밟히기 전문가

나는 질경이를 '밟히기 전문가'라고 부른다. 내가 질경이를 전문가라고까지 칭하는 이유는 단순히 밟히는 것에 강하기 때문이 아니다. 질경이는 밟히는 상황을 교묘하게 이용하기 때문이다.

질경이는 길가나 땅처럼 쉬이 밟히는 곳에서 자라난다. 마치 밟히기 쉬운 곳을 선호하는 모양새다. 사실 질경이 씨앗에는 종이 기저귀와 비슷한 화학 구조를 가진 젤리 상태의 물질이 들어 있다. 그래서 비가 내려 물에 젖으면 팽창하여 잘 달라붙는 성질이 있다. 그 점착 물질을 이용해 사람의 신발과 자동차 타이어에 붙어서 이동한다. 질경이 씨앗이 가진 점착 물질은 원래 건조한 기후 등으로부터 씨앗을 보호하기 위한 장치로 알려져 있다. 그런데 결과적으로 이 점착 물질이 질경이의 분포를 확장시키는 데 기여하는 것이다.

비포장도로에서 바퀴 자국을 따라 한없이 늘어선 질경이를 흔히 볼 수 있다. 질경이의 학명 플란타고plantago는 라틴어로 '발바닥으로 옮긴다'는 뜻이다. 질경이의 또 다른 이름 차전초車前草 또한 길을 따라 끝없이 자라는 특성에서 유래했다. 길을 따라 많이 자라나는 것은 사람이나 자동차가 질경이의 씨앗을 퍼뜨려주기 때문이다.

이쯤 되면 질경이에게 밟히는 것은 견뎌야 할 일도 극복해야 할 일도 아니다. 밟혀야 분포 영역을 넓혀 생존할 수 있기 때문이다. 오히려 밟히지 않으면 난감해진다. 어쩌면 질경이는 밟히기를 손꼽아 기다리고 있을지 모른다.

이렇게 밟히지 않으면 오히려 곤란해질 만큼 밟히는 교란을 잘 이용하고 있다. 그야말로 역경을 기회로 바꾸어 성공한 것이다.

밟혀야 산다

식물에게 밟히는 것은 결코 좋은 일이 아니다. 아무런 방해도 받지 않는다면 마음껏 성장할 수 있다. 밟히는 것을 견뎌야 하는 환경은 엄청난 스트레스를 유발한다. 대부분의 식물은 그런 조건을 피하거나 극복하기 위해 안간힘을 쓰는 반면 질경이는 역경을 오히려 기회로 이용했다. 견디거나 극복해야 할 장애가 아니라 더 많은 번식을 위한 필요조건으로 삼았다.

만일 질경이가 밟히지 않으면 어떻게 될까? 일단 씨앗을 널리 퍼뜨릴 수 없다. 더구나 밟힐 위험이 사라지면 여러 다른 식물이 그 땅에 침입할 것이다. 질경이는 밟히는 문제에는 강하지만 다른 식물과의 경쟁에는 힘을 발휘하지 못한다. 누구도 밟지 않는 장소라면 질경이는 다른 식물에게 치여 결국 절멸될 가능성이 크다.

무엇보다 자주 밟히는 장소에서는 경쟁이 일어나기 어렵다. 각자 살아남는 데 온 힘을 쏟으므로 경쟁 따위를 할 여유가 없다. 햇빛을 향해 가지를 뻗으면 밟히고 몸집을 키워 경쟁력을 발휘하려 해도 금세 자동차 바퀴에 깔려서 쓰러진다. 그런 환경에서는 경쟁에 강한 식물이나 큰 잡초는 살아남지 못한다.

질경이가 원래 경쟁에 약해서 경쟁이 적은 장소를 선택했는지, 아니면 밟히기 쉬운 장소에 적응해가는 동안 경쟁력을 잃은 것인지는 확실치 않다. 분명히 양쪽의 요인이 함께 작용했을 것이다. 오늘날 질경이는 밟히지 않으면 살아갈 수 없을 만큼 환경에 적응한 진화를 이뤘다. 그리고 '밟히는 곳'에서 압도적 우위를 차지했다.

식물의 공존

잡초는 아무 데서나 자란다는 말은 사실이 아니다. 잡초만큼 각자의 장점에 따라 살아갈 장소를 고르는 생물은 많지 않다. 물론 식물은 움직일 수 없으니 스스로 장소를 선택한다는 말은 어폐가 있다. 식물은 가능한 한 많은 씨앗을 흩뿌려 많은 싹을 틔운다. 운 좋게 자신의 강점을 발휘할 수 있는 장소에서 자라나게 된 개체만이 제대로 성장할 수 있다.

다시 말해 자신에게 맞는 장소에서 자라난다는 것은 결과론적 시각이다. 하지만 강점을 발휘할 수 있는 장소여야 살아남을 수 있다는 사실만큼은 분명하다. 우리는 전략을 선택할 수 있다. 싸울 장소도 고를 수 있다. 그렇다면 강점을 살릴 수 있는 장소를 선택해 싸워야 한다.

　예를 들어 비포장도로의 가장자리에는 밟히는 데 강한 잡초가 자라난다. 질경이와 같이 밟히는 상황을 번식에 이용하는 식물은 일부러 자동차 바퀴가 지나다니는 곳을 선택해 자라난다. 자동차 바퀴 자국 사이나 길가의 발길이 덜 닿는 곳에는 다른 종류의 잡초가 무성하다. 그리고 도로 옆에는 풀베기에 강한 또 다른 잡초가 자란다. 도로 너머의 밭을 보면 경작에 강한 잡초가 자라고 풀이 무성한 공터 같은 곳에는 잡초 중에서도 경쟁에 강한 대형 잡초가 자란다.

　인접한 환경이라도 자라나는 식물의 종류는 이렇게 다르다. 잡초는 아무 데서나 아무렇게 자라는 존재가 아니라는 말이다. '도로'라는 같은 공간에서도 식물마다 자신이 강점을 발휘할 수 있는 곳에서 성장하고 있다.

3
성장점을 낮추다

풀베기를 견디는 식물

 사람이 지나다니는 장소가 아니라 공원이나 공터처럼 풀이 베이기 쉬운 장소에 사는 식물은 어떤 전략을 사용할까? 질경이 같은 잡초에게 필요한 것은 밟히는 힘을 받아넘기는 유연성이다. 유연성은 풀베기에 대한 대응으로도 효과적이다. 제초기는 어느 정도 저항이 있는 풀을 베어낸다. 유연한 식물은 기계의 칼날이 닿아도 거스르지 않고 몸을 휘어 칼날을 받아 넘긴다.
 하지만 유연성만 가지고는 풀베기를 견뎌낼 수 없다. 정밀한 기계는 유연한 가지도 놓치지 않고 밑동부터 잘라내기 때문이다. 더구나 사람이 손수 낫을 이용해 풀을 베면 아무리 유연하다고 해도 피해갈 수 없다.

베이는 데 효과적으로 대응하려면 '성장점(식물의 줄기나 뿌리 끝에 있으며 현저하게 생장하는 부분)'을 가지고 있어야 하며 '빠른 재생력'이 필요하다. 풀베기에 우월한 강점을 보이는 것은 볏과 식물이다. 볏과 식물은 식물 중에서 가장 진화한 형태로 초원 지대에서 생존해 왔다. 볏과라고 하면 벼와 보리 같은 곡식부터 떠오르겠지만 초원과 풀숲을 구성하는 수많은 식물이 속해 있다. 풀숲에서 흔히 찾아볼 수 있는 가느다란 잎의 풀이 볏과 식물이다. 잘 알려진 종류로는 참억새와 강아지풀이 있다.

식물이 무성한 삼림에 비해 초원에는 식물이 적다. 그래서 초원에서는 초식 동물이 적은 양의 식물을 서로 차지하려고 경합을 벌이기 일쑤다. 볏과 식물은 그런 가혹한 환경에서 생존하기 위해 진화해왔다. 볏과 식물의 가장 큰 특징은 성장점이 낮다는 것이다. 대개 식물의 성장점은 줄기 끝에 있어서 새로운 세포를 생성하며 위로 뻗어 나간다. 반면 초식동물에게 줄기 끝을 먹히면 성장점도 잃게 되어 타격이 크다. 그래서 볏과 식물은 성장점을 낮추는 방향으로 진화했다.

물론 볏과 식물의 성장점도 줄기 끝에 있다. 하지만 줄기를 거의 뻗지 않는다. 줄기 끝이 지면에 거의 맞닿아 있는 모습이다. 그럼 어떻게 햇빛을 받을 수 있을까? 볏과 식물은 성장점을 바닥에 남겨둔 채 잎만 위로 뻗는 전략을 사용했다. 좁은 잎이 길게 뻗어 올라가는 형태를 갖게 된 것이다.

소나 말 등 초식 동물에게 습격을 당해도 잎만 잘려나갈 뿐이므로

벗과 식물

성장점은 타격을 받지 않는다. 성장점만 무사하면 아무리 먹혀도 잎을 계속 올릴 수 있다. 일반 식물과 비교하면 상당히 기묘한 유형인데 여기에도 문제는 있다. 성장점을 높이면서 성장하는 과정에서 가지를 풍성하게 쳐서 복잡한 구조를 만들 수 있다. 하지만 성장점을 밑에 둔 상태에서는 가지를 치는 형태의 수평 전개가 불가능하다.

그래도 볏과 식물은 중요한 성장점을 밑동 가까이에 두는 전략을 고수했다. 줄기를 밑동에서 갈라지게 하여 성장점의 수를 늘리고 계속해서 잎을 밀어 올린다. 잎은 무성해지지만 길고 가는 형태를 유지한다. 볏과 식물의 독특한 전략이다.

볏과 식물의 성공

초식 동물의 공격에 살아남기 위해 진화한 독특한 형태는 풀베기에 대응하기에도 손색이 없다. 잎이 깎이고 깎여도 성장점은 손상되지 않기 때문이다. 골프장이나 공원의 잔디를 아무리 바싹 깎아놓아도 계속 자라 올라오는 이유다. 짧게 깎이면 타격이 상당할 것 같지만 잔디는 꿈쩍도 하지 않는다. 시원하다는 듯 푸르름을 자랑한다.

오히려 잔디는 깎이면 깎일수록 건강해진다 해도 과언이 아니다. 위로 자라난 잎이 깎여나가야 지면까지 빛이 닿는다. 성장점이 지면에 있는 볏과 식물로서는 고마운 일이다. 게다가 경쟁자가 될 다른 식물은 살아남지 못하니 일석이조다. 잔디는 깎을수록 푸르고 아름다워진다.

벗과 잡초도 마찬가지다. 인간은 풀을 베고 나서 말끔해졌다고 만족하지만 풀베기에 강한 벗과 잡초로서는 그저 고마울 따름이다. 풀을 자꾸 벨수록 베이는 데 강한 잡초의 생존이 유리해져서 그 잡초들이 무성해진다. 인간이 풀베기에 강한 잡초를 증식시키고 있는 셈이다.

재생력에 필요한 것은 속도

풀베기에 강한 벗과 잡초에 꼭 필요한 능력이 있다면 바로 '속도'다. 식물은 잎을 통해 광합성을 해야 살아갈 수 있다. 성장점에 손상이 없다는 것 하나만으로는 위험이 따른다. 깎이고 깎여도 계속해서 빠르게 잎을 올리는 신속함이 필요하다.

게다가 아무리 벗과 식물이라도 모든 작업을 낮게 깔린 밑동에서 완수할 수는 없다. 예컨대 꽃을 피워 씨앗을 퍼뜨릴 때는 높은 곳에 있어야 유리하다. 벗과 식물은 바람으로 꽃가루를 운반하는 풍매화風媒花다. 그런데 땅바닥까지는 바람이 닿지 않을뿐더러 높은 위치에 있을수록 꽃가루를 멀리까지 날릴 수 있다. 또 씨앗도 높은 곳에 맺혀야 더 멀리까지 날아갈 수 있을 것이다.

그럼 어떻게 해야 씨앗을 높이 맺을 수 있을까? 볏과 식물은 이삭을 내어 꽃을 피우는데 이삭은 어느 순간 갑자기 나타난다. 볏과 식물은 줄기를 쉽게 뻗지 않는다. 참고 참다가 준비가 끝나자마자 단번에 줄기를 올린다. 밑동의 성장점에서 이삭을 만들기 시작해 칼집 모양의 엽초(葉鞘)라는 기관 속에서 이삭의 생성을 완료한다. 그리고 이삭이 꽃을 피울 준비를 마치면 단숨에 줄기를 뻗어 올린다.

놀라운 성장의 비결은 줄기의 마디에 있다. 짧은 줄기는 마디별로 세포 분열을 해 세포의 수를 늘려나간다. 그러나 세포의 크기가 커지면 줄기가 쑥 자라므로 준비가 되기 전에 세포를 키우면 안 된다. 세포의 수를 늘리면서도 응축시킨 채로 품고 있어야 한다. 볏과 식물의 줄기는 넣었다 빼는 접이식 지시봉처럼 곳곳에 마디가 있다. 마디마다 세포를 응축시키고 있다가 때가 되면 세포를 단숨에 팽창시킨다. 이렇게 해서 단기간에 줄기를 뻗어낸다. 이윽고 이삭패기(이삭이 끝잎에서 나오는 것) 시기에 이르면 밤사이 수 센티미터가 자란다. 어제까지 보이지 않던 이삭이 이튿날 갑자기 나타나는 것이다. 식물의 성장이 눈에 보일 정도라니 상당한 속도다.

핵심은 낮은 키를 고수하다가 뻗어야 할 때 단숨에 뻗는 것이다. 다시 풀이 베이기 전까지의 아주 짧은 기간에 꽃을 피워 씨앗을 퍼뜨리는 전략이다.

밟히는 식물과 베이는 식물

앞서 밟히는 식물의 대표로 질경이, 베이는 식물의 대표로 볏과 식물을 들어 설명했는데 두 식물 사이에는 공통점이 있다. 성장점을 낮추고 뿌리를 남기는 전략을 취한다는 점이다.

질경이는 줄기를 거의 올리지 않고 잎을 지면에 방사형으로 펼친다. 그 형태가 로제트라는 장미꽃 모양 장식과 닮아 '로제트 식물rosette plant'이라고 불린다(185쪽 참조). 로제트 식물 역시 줄기를 위로 뻗지 않기에 성장점이 밑동에 있고 잎이 지표면에 닿아 있어서 밟혀도 크게 손상되지 않는다. 또 꽃을 피우기 위한 꽃대를 올릴 때도 꽃대가 잘 휘어지도록 해서 밟혔을 때 충격을 완화해준다. 볏과 식물도 마찬가지로 성장점을 밑동에 두고 잎을 차례로 올린다. 꽃을 피우기 위해 줄기를 올릴 때는 순식간에 세포를 팽창시켜 잘려나갈 위험을 최소한으로 줄인다.

밟혀도 베어도 성장점은 밑동에 남는다. 그리고 뿌리도 무사하다. 성장점과 뿌리라는 생존의 기반을 잘 지켜서 위험에 노출시키지 않는 점이 이들의 공통적인 생존 전략이다. 그렇더라도 밟힘에 강한 식물과 베임에 강한 식물이 똑같지는 않다. 질경이는 베이는 것에는 전혀 강하지 않다. 질경이와 같은 부류 중 창질경이는 풀베기에 강하지만 밟히는 데는 강하지 않다. 반대로 볏과 식물 중에서도 왕바랭이처럼 밟힘에만 강하고 풀베기는 견디지 못하는 종류가 있다.

기본 전략은 같지만 밟히는 장소에 사는 식물은 밟혔을 때 충격을 흡수해주는 구조나 자세가 필요하며, 베이는 곳에 사는 식물에게는 잎의 재생력과 줄기를 뻗는 속도가 우선한다. 이외에도 잡초 사이의 경쟁도 있으므로 밟히는 곳에서는 밟힘에 더 강한 식물이 경쟁력을 발휘하고, 풀이 베이는 곳에서는 베임에 더 강한 식물이 경쟁력을 발휘한다.

4
기회는
준비된 자에게만 온다

뿌리가 뽑혀도 살아남는 법

식물은 아무리 밟히고 베어도 뿌리만 남아 있으면 살 수 있다. 그런데 만약 뿌리째 뽑히면 어떻게 될까? 밟히거나 베여서 일부가 손상되는 것과 달리 식물 본체가 사라져버린 것이다. 살아날 방도가 없지 않을까? 어떻게 제초라는 교란을 극복할 수 있을까?

뿌리째 뽑힌 식물은 다시 되돌릴 수 없다. 뽑힌 채로 흙 위에 방치된다면 뿌리가 살아나 재생될 가능성도 있지만 아예 제거되면 그것으로 끝이다.

그런데 놀랍게도 풀이 뽑히는 장소에서 강점을 발휘하는 잡초가 있다. 풀을 말끔하게 뽑고 만족한 것도 잠시, 금세 다시 무성해져 난감했던 경험이 있을 것이다. 그것은 식물이 뽑히는 행위를 증식에 이용했기 때문이다. 인간에게는 유감스럽지만 뽑으면 뽑을수록 그 역경에 강한 잡초가 점점 더 증식한다. 식물은 본래 땅에 기반을 두고 자라나는 것인데 뽑히는 데 강한 식물이라니 신기할 정도다. 과연 어떻게 역경을 기회로 바꾼 것일까?

'기회의 신은 앞머리밖에 없다'는 격언이 있다. 그리스 신화에서 기회의 신 카이로스 Kairos 는 앞머리는 무성하지만 뒷머리에는 머리카락이 없다. 그래서 기회가 왔을 때 앞머리를 빨리 잡지 못하면 기회를 놓친다는 의미를 전한다. '기회는 준비된 자에게만 온다'고도 한다. 기회는 누구에게나 찾아오지만 준비하고 있어야 기회를 잡을 수 있다는 의미다. 뿌리째 뽑혀도 살아남는 식물은 최악의 상황에 대비한 준비를 게을리하지 않았다. 그리고 기회를 기다렸다.

비밀은 흙에 있다. 뿌리째 뽑힐 것을 대비해 식물은 땅속에 씨앗 은행 seed bank 을 준비한다. 지상에 싹을 틔운 식물은 빙산의 일각에 지나지 않는다. 땅 밑에 방대한 수의 씨앗이 저장되어 있다. 땅에 숨어 있는 씨앗 은행의 규모는 명확히 밝혀지지는 않았으나 영국의 밀밭을 조사해보니 잡초의 씨앗이 1제곱미터당 7만 5천 개나 있었다고 한다. 셀 수 없이 많은 씨앗이 흙 속에서 발아하려고 대기 중인 것이다.

비즈니스에서도 신규 사업이나 상품화의 가능성이 있는 기술과 노하우, 아이디어 등을 일컬어 '시드 seeds '라고 한다. 잡초는 이런 시드를 엄청나게 보유하고 있는 셈이다. 물론 흙 속의 씨앗이 모두 싹을 틔우지는 못한다. 오히려 대부분 햇살을 보지 못할 것이다. 그래도 가능한 한 많은 씨앗을 준비해둔다. 통째로 뽑히는 극단적인 역경에 대비한 식물의 전략이다.

기회는 극적인 순간에 찾아온다

식물의 씨앗이 싹을 틔우기 위해서는 세 가지 조건이 필요하다. 공기와 물, 온도다. 하지만 때론 세 가지 조건을 만족시켜도 싹이 나지 않을 때가 있다. 식물에게 중요한 것은 싹을 내미는 타이밍이다. 타이밍을 잘못 맞추면 바로 죽을 수 있기 때문에 적절한 때를 참고 기다린다. 조건이 갖춰졌다고 바로 싹을 올리면 생존이라는 목표를 이루지 못할 수 있다.

발아에 필요한 조건이 갖추어졌음에도 씨앗에서 싹을 틔우지 않는 상태를 '휴면'이라고 한다. 비즈니스 상황에서 휴면은 보통 부정적인 뉘앙스로 쓰인다. 휴면 상태의 공장 또는 휴면 회사 등 정상적으로 활동하지 않는다는 의미일 때가 많다. 하지만 식물의 씨앗이 휴면 상태라는 것은 만반의 준비를 갖추고 기회가 오기를 기다리고 있음을 뜻한다. 그러다가 적합한 기회가 왔다고 생각되면 단숨에 싹을 내민다.

적당한 기회는 언제일까? 잡초의 씨앗이 싹을 틔우는 데는 여러 가지 요인이 관여하지만 '빛이 깊숙이 들어가는 것'이 가장 중요하다. 어두운 흙 속에서 줄곧 기회를 기다린 씨앗에게 빛이 파고든다는 것은 지상의 식물을 인간이 뽑아버렸다는 뜻이다. 풀이 통째로 뽑히면서 흙이 뒤집히고 땅속으로 빛이 들어온다.

씨앗이 싹을 틔웠다 해도 주위가 온통 다른 식물로 뒤덮여 있다면 빛을 받지 못하고 광합성도 할 수 없다. 광합성에 필요한 빛이 땅속까지 도달했다는 것은 지상에 경쟁자가 존재하지 않는 새로운 낙원이 펼쳐져 있음을 의미한다.

빛을 받은 씨앗은 망설이지 않고 단숨에 싹을 올리기 시작한다. 기회가 오면 타이밍과 속도가 중요하다. 새로운 땅을 차지하고 경쟁자를 제압할 수 있을지 여부가 속도에 달려 있다. 그래서 땅속에 있던 잡초의 씨앗은 서로 경쟁하듯 차례로 싹을 내기 시작한다. 깨끗하게 뽑았다고 생각했는데 어느새 풀이 무성해지는 이유다. 아이러니하지만 풀을 뽑는 행위가 다음 식물에게 기회를 제공하는 것이다.

전략은 '자원의 투자'다

식물이 생존하기 위해서는 제한된 자원을 어디에 투자할까를 현명하게 결정해야 한다. 예를 들어 밟히거나 베여도 뿌리만 무사하면 살 수 있으므로 만약을 대비해 뿌리에 영양분을 축적해둔다. 축적 전략은 앞서 설명한 CSR 전략의 S에 해당하는 스트레스 내성형 전략과 유사하다. 밟히거나 베이는 환경을 스트레스로 간주할 수 있기 때문이다.

반복하자면 CSR은 경합형 전략 C, 스트레스 내성형 전략 S, 교란 적응형 전략 R이라는 세 가지로 이루어져 있다. 잡초는 대개 R의 요소가 강하지만 C나 S의 요소가 합쳐져서 제각기 강점을 발휘하고 강점에 맞는 장소에서 살아가게 된다. 경합형 전략의 식물은 '성장'에 가장 집중한다. 조금이라도 몸이 큰 쪽이 유리하고 조금이라도 키가 큰 쪽이 경쟁력을 발휘한다. 그러므로 자원을 최대한 투자해서 성장해야 한다. 그리고 교란 적응형 전략에 필요한 요소는 '속도'와 '다음 세대를 향한 투자'다.

뿌리째 뽑히는 상황은 식물에게 커다란 교란이다. 풀 뽑기가 이루어지는 곳에서 자라는 잡초가 살아남기 위해서는 '속도'가 우선이다. 또한 다음 세대를 향한 투자가 필수적이다. 풀을 뽑으면 바로 다음 잡초가 자라난다. 한 번 더 뽑아내도 마찬가지다. 땅속에 방대한 양의 씨앗이 휴면 상태로 묻혀 있기 때문이다. 뿌리가 뽑혀도 대를 이을 수 있도록 식물이 만들어둔 거대한 씨앗 은행이다.

씨앗 은행의 씨앗은 기회가 올 때까지 땅속에서 가만히 기다린다. 그렇지만 일단 싹을 틔운 후에는 재빠른 성장이 요구된다. 경쟁자가 없는 대지에서 누가 먼저 잎을 펼치는가가 중요하다. 더구나 변덕스런 인간이 언제 다시 풀을 뽑을지 알 수 없다. 그래서 다시 풀을 뽑으러 오기 전까지 최대한 빨리 성장해서 종자를 남겨야 한다. 풀이 뽑

괭이밥

히는 곳에서 자라는 식물이 성장이 빠른 이유다. 싹이 나서 씨앗을 만들기까지의 기간이 짧다. 키를 크게 키울 필요도 없다. 어떻게든 다음 세대를 이어갈 씨앗을 남기는 것이 중요하다.

괭이밥(머릿그림 2)이나 황새냉이 같은 잡초는 뿌리가 뽑힐 때의 자극으로 씨앗이 튕겨져 나온다. 씨앗에는 점착 물질이 있어 풀을 뽑던 사람의 옷이나 신발에 들러붙는다. 인간이 이동하면 종자도 함께 이동하는 기막힌 방법으로 분포를 확장시켜 나간다. 그리고 다음 풀뽑기가 이루어지기 전까지 아주 짧은 기간 동안 최대한 씨앗을 퍼뜨린다. 그렇게 씨앗 은행을 만들어간다. 한번 형성된 씨앗 은행은 웬만해서 사라지지 않는다.

풀뽑기는 뽑힌 식물뿐 아니라 근처 땅속의 씨앗에도 큰 변화를 가져온다. 풀이 뽑히면서 흙이 뒤섞여 위로 올라오는 씨앗도 있고 반대로 더 깊이 파묻히는 씨앗도 생긴다. 그 가운데 기회를 포착한 씨앗은 서둘러 싹을 틔운다. 더 많은 씨앗은 계속 잠을 자며 다음 기회를 기다린다. 풀을 뽑으면 뽑을수록 땅속 씨앗의 위치가 바뀌고 섞이면서 그때마다 새로운 씨앗이 퍼져나간다. 인간에게는 유감스럽지만 풀을 뽑을수록 늘어난다. 건드리면 몇 배로 증식하는 마법에 걸린 것 같은 모양새다.

제5강

목적지에 가는 방법은
여러 가지다

1
바꿀 수 없다면 받아들이고
바꿀 수 있다면 바꿔라

변화에 대응하는 두 가지 방법

살아남기 위해서는 변화를 받아들일 수밖에 없다. 하지만 변화에 대응하는 방법에는 상반된 두 가지 사고방식이 있다. 첫째는 '변화에 미혹되지 않고 일관되게 밀고 나가야 한다'라는 사고방식이고 다른 하나는 '하던 대로 계속 밀어붙여서는 극복할 수 없다'는 쪽이다.

식물은 어느 쪽을 선택했을까? 동물은 먹이가 많거나 살기 좋은 장소를 찾아 이동할 수 있지만 식물은 움직이지 못한다. 씨앗이 일단 떨어지면 그곳이 어디든 그 자리에서 일생을 마칠 수밖에 없다. 자신이 태어난 환경은 바꿀 수 없다. 식물에게는 그런 능력이 없다. 주변에서 자라는 다른 식물도 변화시킬 수 없다. 바꿀 수 없다면 받아들여야 한다. 어쩔 수 없이 식물은 변화에 따라 자신을 바꾸는 방식을 택했다.

식물이 바꿀 수 있는 유일한 요소는 바로 자기 자신뿐이다. 식물의 크기와 형태, 성장 방식은 어떻게든 바꿀 수 있다. 스스로를 변화시켜 살아남는 전략을 취하는 것이다. 생물이 변화할 수 있는 능력을 가소성可塑性이라고 한다. 움직이지 못하는 식물은 동물에 비해 가소성이 크다. 예를 들어 크기를 비교해보자. 인간의 경우 어른을 기준으로 큰 사람과 작은 사람의 키 차이가 몇 배로 나는 경우는 없다. 그러나 식물은 같은 종류끼리도 높이가 두 배 이상 차이나는 일이 적지 않다.

잡초는 변화할 수 있는 능력이 크다

식물 중에서도 잡초는 특히 가소성이 크다고 알려져 있다. 변화할 수 있는 능력이 크다는 뜻이다. 잡초의 변화 능력은 두 가지로 구분할 수 있다. 환경에 따라 자기 자신을 변화시키는 '표현형 가소성'과 다음 세대에 자신과 다른 유형을 남기는 '유전적 다양성'이다.

우선 환경에 맞춰 자기 자신을 변화시키는 '표현형 가소성'을 알아보자. 학생 시절에 내가 연구한 어저귀라는 식물은 식물도감에는 크기가 1미터 정도라고 기재되어 있다. 하지만 5센티미터 정도 자랐을 때부터 꽃을 피우는 경우도 있다. 한편 옥수수 밭에서 자란 어저귀는 키가 큰 옥수수와 경합해 키가 4미터를 훌쩍 넘기기도 한다. 자유자

어저귀

재로 크기를 조절하다니 얼마나 가소성이 큰지 충분히 알 수 있다.

크기뿐 아니라 뻗어나가는 방식도 자유롭기 그지없다. 잡초는 종류에 따라 줄기를 옆으로 뻗어 영역을 넓히는 '진지 확대형 전략'과 위로 뻗어 자기 영역에서의 경쟁력을 높이는 '진지 강화형 전략'을 사용한다. 비즈니스에 대입해보면 새로운 영역으로 확장할 것인가, 보유하고 있는 영역을 강화할 것인가 두 가지 갈림길에 놓인 상황이다.

어느 쪽이 유리할지는 상황에 따라 다르다. 그래서 잡초는 전략적 분배를 선택했다. 상황에 따라 전략을 바꾸는 것이다. 다소 비겁하게 보일지 모르지만 경쟁력이 약한 식물에게는 선택의 여지가 없다. 경쟁자가 없는 공터 같은 환경에서는 진지 확대형 전략을 써서 옆으로 줄기를 뻗어 영역을 확장시킨다. 그러다가 경쟁자 식물이 나타나면 위로 뻗어 경쟁력을 높이는 진지 강화형 전략을 취한다. 환경에 임기응변으로 대처하여 변화하는 것이다.

2
규칙에
얽매이지 않는다

누가 정한 규칙인가?

식물은 도감에 나와 있는 대로 자라지 않을 때가 많다. 봄에 꽃이 핀다고 써 있지만 가을에 피기도 하고, 키가 30센티미터 정도라고 기재되어 있는데 사람 키보다 더 높이 자라기도 한다. 심지어 위로 자라지 않고 지표면과 맞닿아 옆으로만 뻗어가기도 한다. 도통 종잡을 수가 없다.

또 잡초는 '한해살이풀'과 '여러해살이풀'로 분류한다. 싹을 내고 나서 1년 이내에 씨앗을 남기고 죽는 것이 한해살이풀이다. 한해살이풀은 봄에 싹을 틔워서 가을에 씨앗을 남기는 '여름형 한해살이풀'과 가을에 싹을 내어 봄부터 여름 사이에 씨앗을 남기는 '겨울형 한해살이풀'로 나뉜다. 반면 몇 년 이상 생존하는 잡초도 있는데 이를 여러해살이풀(다년초)이라 부른다.

 식물을 한해살이와 여러해살이로 나누는 것은 지극히 기본적인 분류 방법이다. 그런데 식물 중에는 이 분류가 무색하게 변화하는 것도 있다. 예컨대 망초는 가을에 싹을 내어 해를 넘기는 겨울형 한해살이풀이다. 겨울 동안 잎을 펼쳐 영양분을 축적하면 봄에서 여름에 걸쳐 꽃대를 올려 꽃을 피운다.

 하지만 교란이 큰 장소에서는 느긋하게 성장하며 꽃을 피울 여유가 없다. 봄부터 여름에 걸쳐 발아한 뒤 몇 주 만에 성장해 꽃을 피워 버린다. 즉 여름형 한해살이풀의 삶을 사는 것이다. 또 겨울이 없는 열대 지역에 자라난 망초는 겨울을 넘길 필요가 없기에 하나같이 여러해살이풀처럼 다년간 생존한다. 성장 패턴을 처한 환경과 조건에 따라 바꾸는 것이다.

인간이 정한 규칙은 의미가 없다

 식물의 분류란 인간이 식물을 이해하기 위해 마음대로 정해놓은 것일 뿐이다. 식물이 도감대로 살아가야 할 까닭이 전혀 없다. 도감의 설명은 우리가 멋대로 규정한 제약이자 고정관념일 뿐이다. 인간은 분류하기를 좋아한다. 업계나 업종 등도 우리 마음대로 구별해놓고 '……답지 않다', '……여야 한다'는 꼬리표를 붙인다. 으레 그래야 하는 것처럼 속박하고 멋대로 틀을 정해놓았다. 그렇지만 그런 분류와 규칙을 따를 필요는 없다. 더 자유롭게 발상하면 그만이다.

누군가가 정해놓은 규칙을 버려라! 도감의 내용대로 자라나지 않는 식물을 보고 있노라면 자연히 그런 생각이 든다.

잡초는 다시 일어서지 않는다

잡초는 밟히고 밟혀도 다시 일어선다. 잡초에 대해 이런 인상을 가지고 있지는 않은가? 유감스럽게도 이것은 오해다. 한두 번 정도 밟혔다면 다시 일어날지 모른다. 그러나 여러 차례 밟히면 잡초도 다시 일어서지 못한다.

오히려 잡초는 '밟혀도 일어서지 않는 것'이 핵심 전략이다. 힘들어도 잡초처럼 이 악물고 열심히 해왔는데 뜬금없는 이 말에 실망할지 모른다. 하지만 과연 실망할 일일까?

식물학자의 시각에서 보면 '일어서지 않는 잡초의 전략'이야말로 위대한 측면이다. 객관적으로 생각해보면 잡초가 다시 일어서야 할 이유가 없다. 식물에게 중요한 것은 꽃을 피워 씨앗을 남기는 일이다. 밟혀도 다시 일어나는 데 쓸데없는 에너지를 낭비할 필요가 없다. 불필요한 에너지를 쓰지 않고 꽃을 피우는 방법을 모색하는 데 집중해야 한다.

빌럼 모레일서, 〈식물도감을 들고 있는 학자의 초상〉, 1647, 털리도 미술관

그래서 잡초는 다시 일어나지 않는다. 밟히기 쉬운 곳에 있는 잡초를 살펴보면 밟혀도 손상이 크지 않도록 누운 상태로 자라난다. 그 상태에서 확실하게 씨앗을 남기는 것이다. 밟혀도 다시 일어나야 한다는 것은 인간이 마음대로 부여한 환상에 불과하다. 힘이 부족한데 계속 일어서는 근성보다 생존에 집중하는 전략이 훨씬 합리적이다.

3
변화하지 않기에
변화할 수 있다

이상적인 잡초는?

미국 식물학자 허버트 베이커Herbert G. Baker는 논문 「잡초의 진화The evolution of weeds」에서 이상적인 잡초의 조건 12가지 항목을 정리했다 (167쪽 참조). 이상적인 잡초라니, 무슨 의미인가 의아할 수 있겠지만 잡초로서 성공하는 조건을 의미한다. 그중에 눈에 띄는 것은 '열악한 환경에서 조금이라도 씨앗을 생산한다'는 항목이다. 환경이 아무리 열악해도 꽃을 피워 씨를 맺는다. 이것이 잡초의 진면목이다. 길가 아스팔트 틈새에 살그머니 피어난 풀꽃을 볼 때면 그 끈질긴 생명력에 경의를 표하고 싶기도 하다.

하지만 잡초의 놀라운 면모는 그뿐만이 아니다. 베이커는 이상적인 잡초의 조건에 다음의 항목을 더했다.

'이상적인 환경에서는 씨앗을 많이 만든다.'

조건이 나쁠 때는 나쁜 대로, 좋을 때는 좋은 만큼 씨앗을 남기는 것이다. 얼핏 당연한 이야기처럼 들리지만 여기에는 사실 흥미로운 비밀이 숨어 있다.

목적을 잃지 않는다

인간이 기르는 꽃과 채소는 비료가 부족하면 겨우 연명하다가 꽃을 피우지 못하고 말라죽거나 꽃을 피워도 씨앗을 맺지 못하는 경우가 있다. 반대로 비료를 너무 많이 줘도 잎과 줄기만 무성해져서 정작 꽃을 피우지 못하거나 열매를 제대로 맺지 못하기도 한다. 식물에게 가장 중요한 사명이 씨앗을 남기는 것임을 잊은 모양새다.

잡초는 다르다. 조건이 나쁠 때도 가진 역량을 최대한 이용해 씨앗을 생산한다. 조건이 좋으면 최대한 많은 씨앗을 만든다. 상황이 열악하든 최적이든 씨앗을 남기는 일에 총력을 기울인다. 밟힌 잡초가 다시 일어나지 않는 이유와 같다. 온 에너지를 종족 보존에 사용하는 것이다.

어떤 상황에서든 잡초는 그 목적을 잃지 않는다. 중심축은 흔들림이 없다. 상황이 안 좋아질수록 더욱 중심을 견고하게 잡는다. 최종 목표는 정해져 있기 때문이다. 목표에 도달하기만 한다면 거기에 이르기까지의 길은 무엇이 되었든 상관없다. 그래서 잡초는 자유자재로 변화할 수 있다.

사람에게 밟혀도 좋고 가지를 길게 뻗지 못해도 좋다. 생존이라는 목표를 위해서 크기와 형태, 생존 방법마저 바꾸는 것이다.

바꾸지 말아야 할 것

하지만 절대 바뀌어서는 안 되는 것도 있다. 인간 사회라면 기업의 핵심이 되는 기술이나 핵심 역량 등을 생각해볼 수 있다. 그러나 핵심 역량이나 기술은 오랜 시간이 지나면 시대에 뒤처져 밀려날 가능성이 있다. 경영 이념 혹은 기업이 추구하는 가치와 같은 근원적인 목적이 필요하다.

식물의 목적은 씨앗을 남기는 일이다. 그것은 결코 변할 수 없다. 환경이 바뀌면 그에 맞춰 전략을 수정하고 변경해야 한다. 어떤 방법을 쓰더라도 생존을 위해 씨앗 만들기를 완수해야 한다. 방법이 바뀌어도 목적한 바가 확실하다면 흔들림 없이 나아갈 수 있다.

뚝새풀

제6강

변화에는
기회가 숨어 있다

1
임기응변

    식물 중에서 최약체로 꼽히는 잡초를 보면 '임기응변臨機應變'이라는 사자성어가 떠오른다. '임기'는 '그때, 그곳'을 의미하고 '응변'이란 변화에 응한다는 뜻이다. 그 순간 그곳에서 일어난 변화에 대응한다는 말이다.

    임기응변은 본래 불교 용어다. 불교에 '제행무상諸行無常'이란 말이 있다. 현실 세계의 만물은 매순간 변화하고 있다는 의미다. 그 변화에 대응하여 자신을 바꿔가는 것이 임기응변이다. 잡초는 환경의 변화에 적응하여 자신을 자유자재로 변화시킨다. 말 그대로 임기응변의 삶을 살고 있다.

교란이 생물에 주는 영향

주변 환경의 변화에 맞춰 변화하는 식물에 대해 CSR 전략에서는 교란 적응형 요소 R이 강하다고 말한다. 교란은 상황을 뒤흔들어 어지럽고 혼란하게 한다는 뜻이다. 식물은 싹을 틔워 자라난 곳에서 벗어날 수 없으니 환경적 교란에 크나큰 영향을 받으리라는 것을 어렵지 않게 예상할 수 있다.

1978년 미국 생태학자 조지프 코넬Joseph H. Connell은 '중간교란가설'을 발표했다. 중간교란가설은 교란의 규모, 빈도 및 강도가 너무 낮거나 너무 높은 서식지보다 중간 정도인 서식지에서 생물의 다양성이 높을 것이라는 가설이다. 원래 해양 생물 연구에서 도출된 모델이지만 다양한 환경에 적용 가능하다.

113쪽 그래프의 가로축은 교란의 정도를 나타낸다. 오른쪽으로 갈수록 환경에 혼란이 생기고 급속한 변화가 일어난다. 세로축은 그 환경에서 서식하는 생물의 종류를 보여준다.

그래프의 오른쪽 부분을 살펴보자. 교란이 커지면 커질수록, 즉 오른쪽으로 나아갈수록 생존 가능한 생물의 종류는 줄어든다. 교란의 정도가 심각하면 변화에 대응할 수 있는 생물이 극소수로 한정될 수밖에 없다.

한편 그래프의 왼쪽 부분으로 갈수록 교란이 줄어듦에도 생존 가능한 생물의 종류 역시 적어지는 것을 알 수 있다. 흥미로운 대목이다.

적절한 변화는 기회를 가져온다

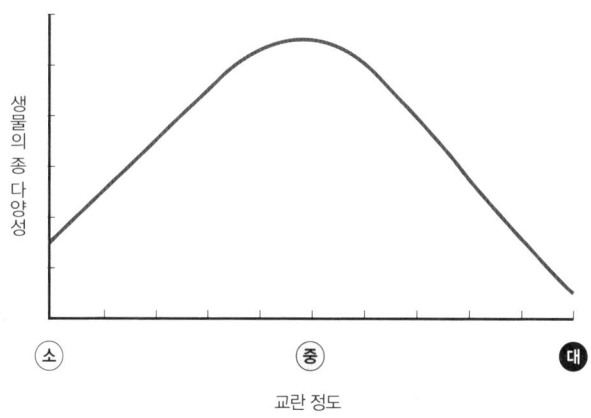

교란이 클 때 생물의 종류가 줄어드는 것은 쉽게 이해할 수 있다. 교란으로 생물의 생존이 어려워지기 때문이다. 반면 교란이 없다면 생물은 더욱 번성할 것으로 예측할 수 있다. 그런데 어째서 교란이 작은 환경에서도 생존할 수 있는 생물의 종류가 감소하는 것일까?

변화란 기회다

자연계에서는 경쟁에 이긴 강자가 살아남고 약자는 멸종되는 섭리를 벗어날 수 없다. 교란이 없는 안정된 환경에서는 다른 문제에 에너지를 쓸 필요가 없으므로 더욱 치열한 생존 경쟁이 벌어진다. 경쟁에서 이긴 강자는 살아남고 패자는 서서히 사라진다. 그 결과 서식하는 생물의 종류가 제한되는 것이다.

물론 그 과정에는 아무 문제가 없다. 자연 본연의 모습일 뿐이다. 하지만 생존 경쟁에 교란이 끼어들면 승부에 변화가 생기기 시작한다. 조건이 바뀌면 꼭 강자가 승리하리란 보장이 없다. 안정된 환경에서는 경쟁력이 힘을 발휘하지만 불안정한 환경에서는 다른 식물과 경쟁할 여력이 없다. 환경에 적응해서 살아남는 것이 우선이다. 다시 말해 교란이 있는 곳에서는 강한 경쟁력보다 변화하는 환경에 대응하는 적응력이 필요하다.

교란은 경쟁력이 있는 강자에게는 불필요한 조건이지만 약자에게는 절호의 기회다. 어떻게든 변화만 극복할 수 있다면 안정된 환경에서는 이길 가능성이 없던 강자를 누를 수 있기 때문이다. 실제로 다양한 생물이 능력이 아닌 교란에 대응하는 적응력으로 승부해 성공한다. 덕분에 생존 경쟁에서는 살아남기 어려웠을 약한 생물이 여러 가지 전략을 구사하여 살아남을 수 있었다. 잡초 역시 그 기회를 성공적으로 잡은 식물이다.

잡초가 주로 사용하는 교란 적응형 전략은 '교란 의존형 전략'이라고도 불린다. 변화에 적응해서 살아남는 것을 넘어서 교란을 기회로 삼아 경쟁에서 이기는 것이다. 따라서 교란이 없으면 잡초도 성공하기 어려울 정도로 교란에 의존한다.

2
변화는
생존의 실마리

복잡한 환경에 기회가 있다

경쟁에서 승리하면 될 텐데 어째서 치사하게 교란의 전략을 쓰냐고 생각할지도 모른다. 하지만 경쟁에서 이기는 방법은 단 한 가지뿐이다. 다른 생물을 압도할 수 있는 힘이다. 하지만 힘이 없는 식물은 변화가 가져오는 기회를 노릴 수밖에 없다. 교란은 환경을 복잡하게 만들고, 환경이 다양해지면 그것을 극복하는 전략도 다양해진다.

예를 들어 올림픽 육상 종목이 1백 미터 달리기 하나뿐이라고 해보자. 발이 빠른 선수가 압도적으로 유리할 것이다. '발이 빠르다'라는 경쟁력만 있으면 누구든 이길 수 있다. 그런데 교란이 일어나 조건이 달라지면 어떻게 될까?

1백 미터 달리기를 준비하고 있었는데 갑자기 1만 미터 달리기로 바뀐다면 승자는 달라질 것이다. 또 종목이 늘어날 수도 있다. 1백 미터 달리기뿐 아니라 높이뛰기, 멀리뛰기, 해머던지기, 창던지기 등 종목이 많아지면 각기 다른 능력을 가진 사람이 승자가 된다. 빵 먹기 경주나 2인 3각 경주, 산수 문제를 풀지 못하면 통과하지 못하는 시합도 있을 수 있다.

 교란의 발생은 다양한 환경을 만들어내고 다양한 조건을 낳는다. 1백 미터 달리기밖에 없던 환경에서는 이기지 못한 선수들에게도 기회가 생긴다. 게다가 기회는 한 번이 아니다. 종목이 늘어날수록 자기 능력을 살릴 기회의 폭이 넓어진다.

 따라서 교란을 두려워할 이유가 없다. 강자라면 교란을 꺼리겠지만 약자일수록 교란은 기회가 된다. 일등 말고는 모두 약자가 되는 자연 세계에서 변화는 생존의 실마리다.

밟히는 것은 예측할 수 있다

 식물에게 환경의 변화는 두 종류가 있다. 예측 가능한 변화와 예측 불가능한 변화다. 밟히고 베이고 뽑히는 역경이 계속 엄습해오는 환경에서 식물은 위기를 역으로 이용해서 기회로 삼아왔다. 환경에 맞게 겉모습이나 성질을 변화시키는 표현형 가소성을 이용해 그 변화에 훌륭하게 대응해왔다.

흥미로운 사실은 밟히고 베이고 뽑히는 환경의 변화는 극적이기는 하지만 예측 가능하다는 점이다. 밟히는 것에 강한 잡초는 밟히는 장소에서 자라난다. 언제 밟힐지는 알 수 없다. 얼마만큼의 강도로 밟힐지도 알 수 없다. 그러나 '언젠가 누군가에게 밟힐 것이다'라는 예측은 가능하다. 그래서 밟히는 것에 대응할 수 있는 것이다.

풀베기나 풀 뽑기도 마찬가지다. 언제 베이고 뽑혀나갈지는 예측할 수 없지만 언젠가 베이고 뽑힐 것이라는 사실은 알고 있다. 그러므로 교란 환경에 적합한 전략을 발달시켜 대비할 수 있는 것이다.

하지만 전혀 예상치 못한 변화가 찾아올 경우가 있다. 예측하지 못한 변화에 식물은 어떤 생존 전략을 세우고 있을까? 이때 필요한 요소가 '다양성'이다. 식물에게 '다양성'이란 무엇을 뜻할지는 제8강에서 자세하게 알아보자.

도꼬마리

제7강

파도에 올라타라

1
바꿀 수 없다면
빨리 받아들여라

식물은 변한다

식물의 세계에서도 포지셔닝 전략이 중요하다. 비즈니스에서 포지셔닝이란 기업의 제품이 소비자에게 유리한 위치를 차지할 수 있도록 하는 개발과 소통 및 전반적인 활동을 의미한다. 경쟁력이 약한 식물은 유리한 위치를 차지하기 위해 경쟁이 적은 환경에 적응하는 포지셔닝 전략을 취한다. 경작에 강한 식물은 경작지에, 밟힘에 강한 식물은 밟히기 쉬운 곳에 싹을 틔운다. 비교적 경쟁에 강하다면 교란이 적은 곳에 자리를 잡는다.

그런데 포지셔닝이 단지 장소만을 뜻하는 것은 아니다. 포지셔닝의 또 다른 중요한 축은 '천이 succession'다. 천이는 시간의 경과에 따라 진행되는 식물 군집의 변천을 일컫는다. 인간으로 따지면 '시대의 흐름'에 해당한다.

일반적으로 천이는 다음과 같은 순서로 발생한다. 화산이 분화해 새로운 땅이 생겼다고 해보자. 그곳은 생물이 전무한 땅이다. 흙다운 흙도 없이 바위만 흩어져 있는 황무지에 제일 처음 싹을 틔우는 것은 영양분 없이도 살아갈 수 있는 이끼류와 지의류(광합성을 하는 미생물인 진핵 미세 조류 또는 남세균과 종속영양으로 살아가는 미생물인 균류 간 상리공생체_옮긴이)다.

이끼류와 지의류가 번성하여 유기물이 축적되면서 서서히 흙이 생성된다. 식물이 자랄 수 있는 기반이 차츰 마련되는 셈이다. 흙에서 맨 처음 자라나는 것은 한해살이풀을 중심으로 하는 작은 식물이다. 풀이 자라나기 시작하면 한층 더 유기물을 축적할 수 있어서 기름진 땅이 된다. 뒤이어 크기가 큰 여러해살이풀이 무성하게 자라나고 이후 관목이 자라나 덤불을 이룬다. 계속해서 큰 나무가 차례로 자라나 덤불은 삼림이 되고 마침내 깊은 숲을 형성한다.

한 장소에서 이끼류에서 한해살이풀, 여러해살이풀을 지나 나무가 숲을 이루기까지 식물군이 변화하는 과정을 천이라고 한다.

시장의 변천

식물의 천이는 상품이나 서비스 시장의 제품 수명 주기 product life cycle

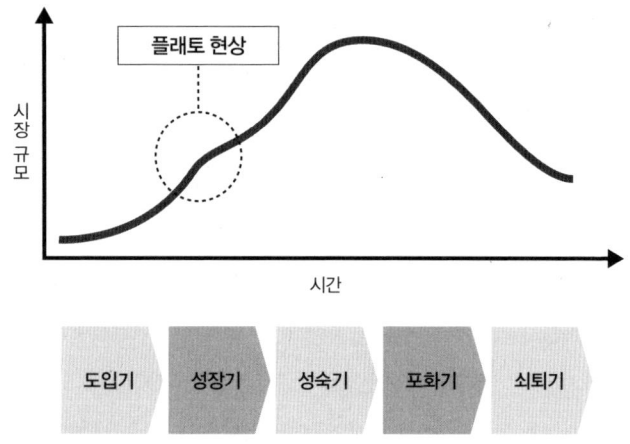

와 매우 유사하다. 비즈니스가 시작되기 전의 시장은 불모지와 다름없다. 시장의 규모는 작고 외부에서 침투할 위험은 크다. 이러한 도입기를 지나 시장이 점차 커지는 성장기를 겪는다. 급속하게 성장하던 시장은 어느 시점에 이르면 성장 속도가 둔화된다. 이를 플래토$_{plateau}$ 현상(일시적으로 진보가 없이 평평한 모양을 보이는 현상)이라고 한다.

하지만 플래토 현상을 거친 시장은 다시 성장한다. 성숙기에 들어선 것이다. 성숙기까지 지나면 시장은 포화 상태에 이른다.

식물의 천이도 이와 같은 진행 과정을 따른다. 아무것도 없는 도입기에 시장에 들어오는 것은 이끼 같이 작은 존재다. 이윽고 시장을 형성하면 풀이 자란다. 시장이 성장할수록 환경이 안정되고 경쟁은 치열해진다. 경쟁력 있는 큰 식물이 차례차례 발을 들인다.

성장기에서 성숙기로 가는 시장의 변화는 식물 세계에서는 풀에서 나무로 전환되는 단계에 해당한다. 이는 식물 집단의 큰 전환기다. 풀은 속도에 집중한 전략을 쓴다. 재빠르게 파고들어 빨리 성장해 빨리 씨앗을 만든다. 그리고 가능한 한 많은 씨앗을 퍼뜨린다. 즉 풀은 속도와 양으로 승부한다.

한편 나무는 다르다. 나무는 나이테를 쌓으며 견고한 줄기를 만들고 서서히 크게 자란다. 경쟁력과 질로 승부하는 것이다. 풀의 시대가 끝나고 덤불 속에서 차츰 나무가 자라기 시작한다. 속도의 시대에서 경쟁력의 시대, 양보다 질이 우위인 시대로 변화하는 것이다.

초기에 등장한 나무는 풀을 상대하면 되므로 비교적 경쟁이 느슨하다. 어렵지 않게 산림을 이뤄간다. 그러나 이윽고 경쟁이 격화되어 강한 식물은 살아남고 약한 식물은 도태되기 시작한다. 거대한 나무만이 살아남아 점차 울창한 숲을 이루어간다. 시장이 성숙해가는 과정과 매우 유사하다. 경쟁력이 높은 기업이 치고 들어와 격전을 벌이면서 시장은 차츰 포화 상태에 이른다. 결국 경쟁력에서 우위에 있는 큰 나무가 식물 세계를 점유하는 것이다. 이러한 천이의 최종 단계를 '극상極相'이라고 한다.

제품 수명 주기에서 '어느 시점에 비즈니스를 시작해야 하는가'가 중요한 것처럼 식물도 종류에 따라 자라날 타이밍이 있다. 장소뿐 아니라 시간의 흐름에서도 니치를 찾아야 한다.

도입기는 위험이 크고 고객도 적어 이익을 내기 어렵다. 성장기는 시장 전체의 이익은 아직 크지 않지만 곧 이익이 생길 것을 예상할 수 있으므로 비즈니스를 시작할 기회다. 하지만 비즈니스를 시작하기 좋은 시점이라는 것은 누구에게나 마찬가지다. 우후죽순으로 들어온 기업 간의 경쟁이 발생한다.

이윽고 성숙기에 이르면 시장 전체로 봤을 때 이익은 늘지만 대량 생산이나 저비용화가 가능한 경쟁력 높은 기업이 유리한 위치를 점유하게 된다. 생산성이 높은 거목이 유리한 숲과 마찬가지다.

이렇듯 식물 군락과 상품·서비스 시장이 같은 주기를 거친다. 그렇다면 천이의 흐름 속에서 잡초는 어떠한 전략을 취해왔을까?

개척자의 전략

잡초는 천이의 흐름 중 한정된 기간에 출현하는 식물이다. 흙도 영양분도 없는 불모지에서는 잡초가 살아갈 수 없다. 이끼류와 지의류 등이 등장해 흙을 형성하면 작은 한해살이풀이 제일 먼저 자라난다. 다만 화산 폭발로 인해 새로 생긴 땅처럼 온전한 불모지가 출현하는 건 드문 일이다. 인간이 산을 깎고 새로운 땅을 조성하거나 바다를 메운 매립지를 만드는 경우가 대부분이다. 그런 곳에는 척박할지언정 흙과 유사한 성분이 존재한다.

따라서 보통 한해살이 초본 식물이 가장 먼저 자라나는 경우가 많다. 새로운 조성지나 매립지에 맨 처음으로 진출하는 한해살이 초본 식물을 '개척자 식물'이라고 한다.

새로 생겨난 미지의 땅은 경쟁 상대가 없는 지역이다. 그곳에서는 과도한 경쟁에 시달릴 일이 없다. 개척자에게 가장 필요한 것은 속도다. 눈앞에 펼쳐져 있는 땅에 누구보다 빨리 진출해야 한다. 상대를 완파하는 경쟁력은 이후의 문제다.

개척자 잡초는 재빨리 새로운 토지로 진출해서 우위를 점유한다. 특히 민들레 홀씨처럼 바람으로 씨앗을 퍼뜨리는 종류가 유리하다. 속도 경쟁에서 앞지를 수 있는 식물이다. 그런데 개척자 식물은 속도가 강점인 대신 경쟁력은 높지 않다. 새로운 땅도 몇 년 지나면 다양한 식물이 진출한다. 격렬한 경쟁지가 되면 개척자에게는 승산이 없다. 결국 패배해서 무대를 떠나고 만다.

개척자 식물은 살아남기 위해 항상 새로운 땅을 찾아 많은 씨앗을 날린다. 불모지에서 또 다른 불모지를 찾아 이동하며 살아가는 전략이다.

2
환경에 맞춰
방법을 바꾼다

새로운 땅을 계속해서 찾는다

 새로운 땅에 짧은 기간 동안 서식하는 개척자 잡초는 아주 희귀하고 불안정한 존재라고 생각할지 모른다. 하지만 전혀 그렇지 않다.
 환경이 안정된 시대라면 화산 폭발이나 홍수 같은 천재지변이 아니고서는 새로운 땅이 생겨날 가능성이 거의 없다. 새로운 섬의 출현 같은 역사적인 사건을 기다려야 할지도 모른다. 그러나 현대는 변화의 시대다. 개척자에게 새로운 땅을 계속해서 제공한다. 산을 깎거나 바다를 메우지 않아도 집과 건물을 부수기만 해도 공터가 생긴다. 이러한 공터도 개척자 식물에게는 절호의 장소다.
 뿐만 아니라 인간이 풀을 베면 경쟁력이 강한 식물이 모두 제거된다. 또 경작이 끝나고 곡식을 수확하면 그곳은 식물이 없는 새로운 땅으로 다시 태어난다. 진행되던 천이의 시계가 맨 처음으로 되감겨 초기화 상태가 되는 것이다.

다만 풀베기나 경작으로 만들어진 새로운 장소는 완전한 불모지와는 다르므로 또 다른 능력이 필요하다. 지금까지 식물이 자라던 터전이었기에 영양이 풍부한 토양이 있다. 다른 씨앗이 남아 있을 수도 있다. 그래서 씨앗을 가지고 가서 자리를 잡는 것보다 미리 씨앗을 뿌려두어 빠르게 성장시키는 능력이 필요하다.

개척자의 전략은 대유행의 조짐을 포착해 출점하는 비즈니스와 비슷하다. 팬케이크가 유행하면 팬케이크 전문점을, 타피오카 음료가 유행하면 타피오카 전문점을 낸다. 그리고 붐이 사그라질 무렵에는 또 다른 붐으로 갈아탄다. 새로운 땅을 계속해서 찾는 개척자 식물처럼 말이다.

개척자 전략에서 중요한 두 가지 요소가 있다. 바로 속도와 가능한 비용을 들이지 않는 것이다. 개척자 식물의 전략은 전형적인 교란 적응형으로 변화를 받아들이는 데 초점이 있다. 무엇보다 교란 적응형은 다음 세대를 향한 투자가 필수다. 비용을 들이지 않고 성장해 다음에 자랄 씨앗을 뿌려두는 것이 바로 개척자 전략이다.

한해살이풀과 여러해살이풀

　식생의 천이를 놓고 볼 때 잡초는 비교적 이른 단계에서 활약한다. 하지만 종류가 다양하므로 개척자로 일찌감치 출현하는 종도 있지만 뒤이어 자라나는 풀도 있다. 혹은 한참 시간이 흐른 다음에야 자라나는 잡초도 있다.
　앞에서 식물은 각자의 강점을 발휘할 수 있는 장소를 서식지로 삼는다고 설명했다. 마찬가지로 시간의 흐름 속에서도 잡초마다 적절한 시점을 선택한다. 개척자 잡초는 일찍 싹을 틔우고 재빠르게 꽃을 피워 씨앗을 남기는 한해살이가 많다. 1년 이내에 삶을 마치는 수명이 짧은 종류다. 천이가 점점 진행되면 '여러해살이'라 불리는 다년생 잡초가 등장한다. 여러해살이는 광합성을 통해 얻은 영양분을 축적해 몸집을 점점 키운다. 그것을 경쟁력으로 한해살이풀을 압도해버린다.
　여러해살이풀은 한해살이풀보다 늦게 등장하기 때문에 교란이 빈번하게 일어나는 환경에서는 여러해살이풀까지 차례가 돌아오지 않는다. 변화가 끊임없이 이어지는 장소는 한해살이풀에게 훨씬 유리하다.

여러해살이풀에 유리한 교란도 있다

교란이 생기면 천이의 진행은 초기화된다. 불모지의 상태로 되돌아가는 것이다. 따라서 교란의 빈도가 높으면 속도로 승부하는 한해살이풀이 유리하다. 반면 교란의 빈도가 낮으면 경쟁력으로 승부하는 여러해살이풀이 생존할 가능성이 높아진다.

그런데 모든 교란이 꼭 한해살이풀에게 유리한 것도 아니다. 화산이 분화한 지 얼마 되지 않은 완벽한 불모지 수준으로 초기화되는 일은 거의 없다. 교란의 빈도나 강도에 따라서는 여러해살이풀이 우세한 단계에서 천이의 진행이 멈추기도 한다.

예를 들어 하천의 둑과 도로의 경사면 등은 한 해에 수차례 정기적으로 풀베기를 실시한다. 풀베기는 지상으로 올라온 부분만 제거하는 작업이기에 땅속에 뒤엉켜있는 잡초의 뿌리나 덩이줄기 같은 저장 기관은 그대로 살아 남는다. 그 상태에서 재생을 시작하면 속도로 승부하는 한해살이풀보다 땅의 힘으로 승부하는 여러해살이풀이 유리하다.

더욱이 정기적으로 풀을 베기 때문에 목본 식물 같이 경쟁력에 강하고 교란에 약한 식물이 자리 잡을 일도 없다. 여러해살이에게 유리한 교란인 셈이다. 다만 교란의 빈도가 높아지거나 강도가 너무 세면 여러해살이풀도 위험해진다. 재생을 거듭해도 영양분을 축적할 여유 없이 금세 다시 베어진다면 결국 에너지는 모두 소진될 것이다.

변화는 잡초에게 기회라는 사실은 분명하다. 그러나 변화에 따라 유리한 식물이 존재한다. 어떠한 변화가 어떤 식물에게 적합할까는 종류에 따라 다르다.

교란을 대하는 여러해살이풀의 대응책

농사를 짓는 경작지 역시 식물 세계에서는 커다란 교란을 주는 장소다. 풀은 베여도 뿌리라도 남지만 흙을 갈아엎어버리면 버틸 재간이 없다. 그래서 단기간에 재빨리 씨앗을 뿌려 차례로 싹을 내는 한해살이풀에게 유리한 환경이다.

하지만 이런 경작지에서도 꿋꿋이 살아남는 여러해살이풀이 있다. 그들은 과연 어떤 전략을 사용할까? 여러해살이풀의 대응책은 다음 세 가지로 요약할 수 있다. 첫째, 씨앗과 같은 '작지만 알찬 형태'를 추구한다. 즉 작은 알뿌리나 덩이뿌리 같은 것을 많이 생성해 놓는 것이다. 씨앗만큼 많이 만들지는 못하지만 알뿌리나 덩이뿌리는 씨앗보다 풍부한 영양분을 함유하고 있어서 생존율이 높다. 둘째, '마디'를 이용한다. 여러해살이풀에는 땅속줄기, 즉 땅 밑으로 길게 뻗는 줄기를 갖는 종류가 많다. 땅속줄기에는 마디가 있으며 마디마다 뿌리와 싹을 돋울 수 있다. 사람이 밭을 갈면 땅속줄기는 토막토막 끊어져버린다. 하지만 끊어진 땅속줄기의 마디에서 새로운 뿌리

진짜 실력은 보이지 않는 곳에 있다

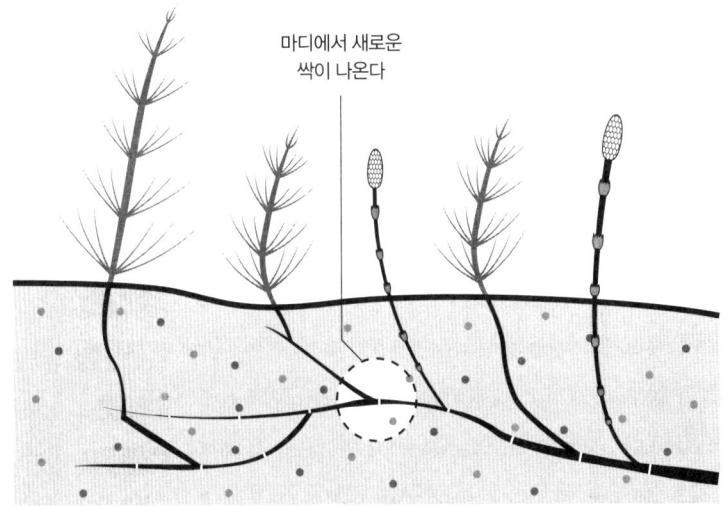

마디에서 새로운 싹이 나온다

와 싹이 재생된다. 여러 땅속줄기 조각에서 싹이 나오면서 한 포기였던 잡초의 수가 오히려 늘어나기도 한다.

 흔히 삶의 극적인 변화를 '인생의 마디'에 비유하곤 한다. 한 단계가 끝나고 새로운 삶이 시작된다는 의미다. 이와 마찬가지로 식물에게도 마디는 재생을 위한 기점이다. 마디를 만들면서 성장하는 방식은 오로지 줄기를 뻗기만 하는 성장과 비교할 때 쉬엄쉬엄 가는 모양새다. 성장은 느릴지 모르지만 마디를 생성해두면 생존 가능성은 높아진다. 교란을 극복하고 개체 수까지 늘리는 효과를 얻을 수 있다.

 셋째, 거점을 더 깊은 곳에 두는 것이다. 트랙터 등 기계를 사용할 때 갈리는 깊이는 60센티미터 정도다. 그보다 더 깊은 곳까지 땅속줄기를 뻗어두면 땅을 갈아엎어도 생존할 수 있다. 예를 들어 포자로 번식하는 홀씨식물 가운데 쇠뜨기는 1미터에서 깊게는 2미터까지 땅속줄기를 뻗는다. 메꽃과의 여러해살이풀인 서양메꽃은 놀랍게도 지하 6미터까지 땅속줄기를 뻗는다는 기록이 있다. 그만큼 깊숙한 곳에 성장 거점을 확보하고 있으면 땅속에서 무슨 일이 일어나도 아무런 영향을 받지 않는다. 떠들썩한 표면에서 멀리 떨어진 깊은 곳에서 확고한 신념과 의지를 담고 있는 듯하다. 이런 식물을 제거하기란 불가능하다. 아무리 땅을 갈아도 땅속 깊은 곳에서 계속 재생되기 때문이다.

　이 세 가지 대응책으로 여러해살이풀은 경작지의 교란을 극복해왔다. 물론 여러해살이풀은 한해살이풀보다 성장 속도가 뒤떨어지기 때문에 풀베기처럼 빈번하게 경작을 하면 차츰 소멸될 수밖에 없다. 그러나 정기적으로 밭을 가는 수준이라면 다양한 대응책을 이용해 살아갈 수 있다.

고마리

제8강

다양성의 힘

1
끝없이 도전한다

작은 씨앗을 퍼뜨린다

씨앗의 크기가 생존과 관련 있을까? 만일 그렇다면 큰 씨앗과 작은 씨앗 어느 쪽이 유리할까? 정답은 양쪽 모두 장단점이 있다는 것이다. 식물의 초기 성장을 생각하면 큰 씨앗이 유리하다. 씨앗이 크면 영양분을 다량 축적할 수 있고 그만큼 싹을 크게 틔운다. 싹이 클수록 생존율이 높고 성장도 빠르다.

하지만 부모 세대가 씨앗을 생산하는 데 사용할 수 있는 자원의 양은 한정적이다. 씨앗을 크게 만들려면 생산할 수 있는 씨앗의 수는 줄어든다.

그럼 씨앗의 크기가 작아지면 어떻게 될까? 씨앗 하나하나를 작게 만들면 개수를 늘릴 수 있다. 반면 작은 씨앗에는 영양분이 적어 발

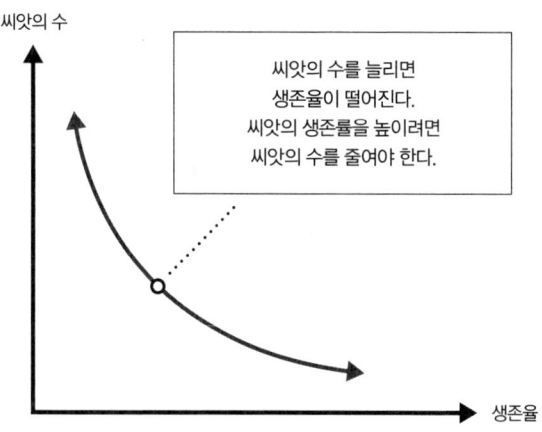

아했을 때 크기가 작고 생존율도 낮다.

이쪽을 선택하면 저쪽이 무너지고 저쪽을 세우면 이쪽이 무너진다. 이처럼 하나를 이루려면 다른 하나를 희생해야 하는 관계를 상충 trade off 관계라고 한다. 각각의 식물은 상충 관계 속에서 최적의 씨앗 개수와 크기를 설정해두었다.

그렇다면 교란의 여부는 식물의 씨앗에 어떤 영향을 미칠까? 개수가 적어도 큰 씨앗을 선택해야 할까? 아니면 크기는 작아도 씨앗의 개수를 늘리는 편이 좋을까?

교란 속에서 살아가는 식물의 기본 전략은 크기가 작은 씨앗을 많이 생산하는 것이다. 무엇보다 예측 불가능한 변화가 일어나는 환경이다. 무슨 일이 생길지 모르고 어떻게 바뀔지 알 수 없는 상황에서 무엇에 투자해야 할지 판단하기 쉽지 않다. 그래서 조금이라도 다양한 것에 투자하는 전략을 선택한 것이다. 작은 씨앗을 많이 생산하는 방법이다.

당연히 씨앗의 대다수는 살아남지 못한다. 셀 수 없이 많은 씨앗이 싹을 틔워보지도 못하고 사그라진다. 어느 것이 살아남을지 확실하지 않으므로 잡초는 1만 알의 씨앗을 흩뿌린다. 1만 알 중에 하나라도 새싹을 틔운다면 성공이다. 실패하더라도 투자의 위험을 낮추기 위해 작은 씨앗을 많이 퍼뜨려두는 것이다.

성공 확률이 낮으므로 개수를 늘려 도전 기회를 늘린다. 수많은 실패 속에서 결국 성공해낸다. 작은 도전을 계속함으로써 예측 불가능한 변화를 극복하는 전략이다.

씨앗의 크기도 변화한다

잡초의 기본 전략은 '씨앗의 개수'다. 하지만 잡초에 따라 처한 환경이 다르므로 같은 종류의 잡초라도 비교적 큰 씨앗을 맺는 것이 있는가 하면 더 극소한 씨앗을 맺는 경우가 있다. 조건에 따라 씨앗의 크기를 바꾼다는 말이다.

대표적인 사례로 뚝새풀(머릿그림 3)이 있다. 뚝새풀은 밭에 사는

'밭형'과 논에 사는 '논형'으로 나뉘진다. 서식지에 따라 같은 뚝새풀인데도 씨앗의 크기가 다르다. 밭형 집단과 논형 집단 중 어느 쪽 씨앗이 작을까?

밭형이 작은 씨앗을 많이 만드는 전략을 선택했다. 논이나 밭이나 경작이 이루어진다는 조건은 같지만 논은 경작 시기가 매년 봄으로 정해져 있다. 반면 밭은 키우는 채소나 작물에 따라 경작 시기가 달라진다. 1년에 몇 차례씩 이루어지기도 한다. 즉 논에 비해 밭은 교란이 더 큰 환경이다.

그래서 밭에서는 작은 씨앗을 많이 만드는 것이 유리하다. 뚝새풀 씨앗의 크기는 밭형이나 논형이나 큰 차이가 없다. 크기가 대략 정해져 있다. 그 범위 내에서 일부는 '적은 양의 큰 씨앗'을, 나머지는 '많은 양의 작은 씨앗'을 선택한다.

논에서는 '적은 양의 큰 씨앗'을 선택해야 살아남고 '많은 양의 작은 씨앗'을 선택한 것은 점점 도태되었다. 반대로 밭에서는 '많은 양의 작은 씨앗'을 선택한 것이 살아남았다. 도태가 되풀이되면서 같은 뚝새풀 중에서도 밭형과 논형이라는 두 가지 유형이 생겨난 것으로 추정된다.

밭형과 논형의 씨앗 크기가 다르다는 사실은 씨앗 크기의 미세한 차이가 살아남느냐 아니냐를 결정짓는다는 뜻이다. 아주 작은 차이가 생존을 가른다. 잡초가 살아남는다는 것은 그런 것이다.

2
싸울 장소는 좁히되
무기는 줄이지 않는다

선택지는 버리지 않는다

도둑이라는 별명을 가진 도꼬마리(머릿그림 4)는 온몸에 짧고 빳빳한 털이 있는 모습이 특징이다. 뾰족뾰족한 가시의 실체는 사실 도꼬마리의 열매다. 열매 속을 벌려보면 씨앗이 두 개 들어 있다.

하나는 서둘러 싹을 틔우는 성질 급한 씨앗이고 다른 하나는 좀처럼 소식이 없는 느림보 씨앗이다. 두 가지 성질이 다른 씨앗을 품고 있는 데는 이유가 있다. 생존 확률에 영향을 주기 때문이다. 싹을 빨리 틔우는 씨앗과 천천히 틔우는 씨앗은 과연 어느 쪽이 유리할까?

'쇠뿔도 단김에 빼라'는 속담처럼 무엇이든 일단 빠른 것이 좋을 수 있다. 특히 잡초는 속도로 승부하는 식물이다. 남보다 앞서 빨리 싹을 틔워야 생존율이 높아진다. 하지만 늘 그런 것은 아니다. '급할

수록 돌아가라'는 속담도 있듯이 안달하면 될 일도 안 된다. 서두르지 않고 차근차근 가야할 때가 있다.

애당초 어느 쪽이 유리하냐는 질문 자체가 잘못되었다. 답은 식물이 처한 환경이나 상황에 따라 달라지기 때문이다. 잡초가 자라는 곳은 예측 불가능한 변화가 일어나는 환경이다. 어느 쪽이 맞을지 알 수 없으므로 양쪽 다 준비해두는 것이 최선이다. 도꼬마리는 두 가지 선택지를 모두 품는 전략을 선택해서 생존 기회를 잡은 것이다.

중요한 것은 다양성이다

도꼬마리처럼 발아 시기가 다른 씨앗을 두 개 보유하는 종류도 있지만 싹을 틔울 시기를 제각각 다르게 설정하는 잡초도 있다. 땅속에서 가만히 기다리던 씨앗은 싹을 틔울 기회가 오면 각기 다른 행동을 보인다. 모든 씨앗이 싹을 틔우는 것은 아니라는 말이다. 기회를 잡자마자 재빠르게 싹을 올리는 종자가 있고 때가 와도 계속 잠만 자는 씨앗이 있다.

채소나 초화의 씨앗을 뿌리면 동시에 싹이 나지만 잡초는 다 같이 싹을 올리는 법이 없다. 씨앗의 성질이 다 다르므로 불규칙하게 싹을 틔운다. 그래서 잡초는 전멸하는 일이 없다. 풀을 뽑아도 제초제를 뿌려도 계속해서 기회를 기다리던 새로운 싹이 올라온다. 씨앗의 성질이 각기 다르다는 '다양성'이 잡초의 무기인 셈이다.

비단 발아 시기만의 이야기가 아니다. 잡초의 씨앗은 같은 종류라도 각기 다른 특성을 갖고 있다. 어떤 것은 추위에 강하고 어떤 것은 더위에 강하다. 건조에 강하거나 병에 강한 것도 있다. 강점도 개성도 각기 다른 자손을 남겨서 어떤 곳에서든 적응할 수 있도록 하기 위함이다.

잡초가 자라는 곳은 환경의 변화가 극심한 장소다. 무슨 일이 일어날지 모르는 환경이다. 잡초가 제아무리 성공을 거두었다고 해도 우연의 결과일 가능성이 크다. 매일 변화가 일어나는 환경에서는 다음 세대가 어떠한 역경에 놓이게 될지 알 수 없다. 그래서 잡초는 자신의 특성을 다음 세대에 강요하지 않고 되도록 다양한 유형의 자손을 남기고자 한다.

다양성을 낳는 구조

같은 종류의 식물인데 어떻게 다른 성질을 갖는 씨앗을 만드는 것일까? 비밀은 수분(종자식물에서 수술의 화분이 암술머리에 붙는 일) 과정에 있다. 꽃이 수분을 하는 방법에는 '타가수분'과 '자가수분' 두 가지가 있다. 일반적으로 식물은 벌과 나비 같은 곤충이 꽃가루를 운반해준다. 이 과정을 통해 다른 개체와 꽃가루를 교환해 수분이 이루어진다. 다른 개체 간에 꽃가루를 교환해 수분하는 방식을 타가수분이라고 한다. 반면 자가수분은 외부의 도움 없이 자신의 꽃가루를 암술머리에 붙여서 수분하는 방법이다.

자가수분의 장점은 무엇보다 다른 도움 없이도 씨앗을 만들 수 있다는 것이다. 주변에 다른 개체가 없어도 스스로 씨앗을 만들 수 있다. 꽃가루를 운반해줄 곤충도 필요 없을 뿐 아니라 자기 꽃가루를 자신의 암술머리에 붙이면 되기에 꽃가루의 양이 적어도 괜찮다. 이렇게 보면 타가수분보다 자가수분 쪽이 훨씬 더 쉽고 편리해 보인다. 그런데도 왜 식물은 상대적으로 비효율적인 타가수분을 하는 것일까? 그 해답은 바로 다양성에 있다.

자가수분으로 만들어진 씨앗은 다양한 특성을 갖는 데 한계가 있다. 다른 개체와 꽃가루를 교환하여 자신에게 없는 유전자를 받아들여야 다양한 성질을 가진 씨앗을 만들 수 있다. 식물이 세대를 초월해 살아남기 위해 다양성은 반드시 유지해야 하는 부분이다.

인간 역시도 근친 교배를 피한다. 근친 간에 교배가 이루어지면 생존에 불리한 형질이 나타나기 때문이다. 자가수분이란 결국 극단적인 형태의 근친 교배이므로 유해한 형질이 나타나기 쉽다. 그래서 식물은 에너지 손실과 위험을 감수하면서도 타가수분을 시도한다. 다양성이 생존과 직결되기 때문이다.

제비꽃의 폐쇄화

그래도 잡초는 자가수분을 지속한다

다양성을 만들어내려면 타가수분을 해야 한다. 하지만 다양성을 가장 중시해야 할 잡초는 의외로 자가수분을 하는 경우가 많다. 자가수분을 하는 편이 잡초에게 이득이 되기 때문이다. 길가에 단 한 포기라도 싹을 틔워 살아남으려면 가혹한 환경에서도 씨앗을 남기는 자가수분 방식이 필요할 때가 있다.

하지만 자가수분을 반복하다 보면 다양성을 유지하기 어려워진다. 그래서 잡초 중에는 타가수분과 자가수분이 모두 가능한 '양다리 전략'을 취하는 종류가 많다. 각기 장점이 있는 타가수분과 자가수분을 어느 하나로 선택하기보다 둘 다 가능한 형태로 만들어버린 것이다. 당연히 선택지는 많을수록 좋다.

자가수분과 타가수분을 체계적으로 양립시키는 경우도 있다. 예컨대 별꽃이나 큰개불알풀, 닭의장풀 등은 일단 꽃을 피워 타가수분을 시도한다. 하지만 곤충이 오지 않으면 꽃잎을 닫고 수술머리가 자신의 암술머리에 붙어 자가수분을 한다. 곤충이 찾아오지 않을 상황에 대비해 히든카드를 숨겨놓는 것이다.

또 제비꽃은 벌이나 등에 같은 곤충이 왕성하게 활동하는 봄에는 보랏빛 꽃을 피운다. 곤충을 불러들여 타가수분을 하기 위해서다. 그런데 여름이 가까워져 기온이 올라가면 더위에 약한 벌과 등에의 활동이 둔해진다. 그때는 꽃을 피우는 대신 꽃잎이 열리지 않는 '폐쇄화'가 달린다. 폐쇄화는 꽃봉오리 상태로 수분을 하는 특이한 형태다. 봄의 들판을 수놓는 광대나물도 봄에는 꽃을 피우지만 봄이 끝나갈 무렵에는 봉오리 상태의 폐쇄화를 만든다. 모두 타가수분과 자가수분을 함께 하는 식물이다.

고마리(머릿그림 5)라는 식물의 전략은 더욱 흥미롭다. 분홍색 꽃이 특징인 고마리는 곤충의 눈에 잘 띄어 타가수분을 하기 위한 전략을 사용한다. 한편 밑동에서 가까운 땅속에 있는 줄기에는 폐쇄화가 달린다. 곤충을 부를 필요가 없으니 땅속이어도 문제가 되지 않는다.

땅속에 생기는 씨앗은 멀리 이동하지 못한다. 자가수분을 통해 만들어진 씨앗은 모체와 그 성질이 매우 비슷하므로 모체가 있던 그 자리에서 싹을 내는 것이 유리하다. 전혀 예측할 수 없는 곳보다 모체가 살아남은 환경에서 생존할 확률이 훨씬 높을 것이기 때문이다.

한편 타가수분으로 만들어진 씨앗은 부모 세대와 다른 성질을 가지므로 새로운 땅에 도전하는 편이 좋다. 물을 타고 이동하거나 또 다른 방법을 이용해 먼 곳으로 가서 정착하여 자신의 강점에 맞는 환경에 적응해나간다. 그야말로 합리적인 방법이 아닐 수 없다.

양다리 전략으로 변화에 대응한다

잡초가 자라는 장소는 환경의 변화가 심한 곳이다. 무엇이 옳고 무엇이 그른가는 환경에 따라 달라진다. 성공이냐 실패냐를 결정짓는 것도 결과론일 뿐이다. 무엇이 옳은지는 누구도 알 수 없다.

정답을 알 수 없는 환경에서 어느 쪽이 옳은지 모르겠다면 어떻게 해야 할까? 잡초는 현명하게도 어느 쪽이 맞는지 모른다면 양쪽을 다 갖추는 것을 택했다.

싹을 빨리 올리는 종자와 늦게 올리는 종자 중 누가 더 유리한지는 환경에 따라 달라진다. 그러니 둘 다 준비해둔다. 다양성을 유지하기 위해서는 타가수분이 반드시 필요하다. 하지만 자가수분 역시 최소한의 시간과 에너지로 씨앗을 만들 수 있는 장점이 있다. 결국 타가수분과 자가수분 모두 겸비해두는 것이 최선이다.

성장에 있어서도 선택의 순간은 늘 존재한다. 줄기를 옆으로 뻗어 확장하는 진지 확대형 전략이 좋을까, 위로 뻗어 영역을 강화하는 진지 강화형 전략이 좋을까? 씨앗을 증식시켜야 좋을까, 뿌리와 줄기 등 영양기관을 증식시켜야 좋을까?

양자택일의 기로에 설 때마다 많은 잡초는 양쪽 선택지를 모두 남겨두는 양다리 전략을 취했다. 잡초는 싸울 장소를 전략적으로 선택하지만 갖고 있는 무기는 버리지 않는다. 환경이 다시 어떻게 변할지 예측할 수 없고 어떤 무기가 유리해질지 알 수 없기 때문이다. 가능한 여러 선택지를 가지고 있어야 변화에 대응할 수 있다.

3
불필요한
개성은 없다

식물에게도 개성이 있다

잡초는 다양한 전략과 그것을 실행할 수 있는 다양한 무기, 경쟁을 지지해주는 다양한 집단을 갖추고 있다. 잡초의 생존력의 원천은 제각기 다른 집단에 있다. 앞에서 잡초가 환경에 따라 자신을 변화시키는 '표현형 가소성'에 초점을 맞춰 살펴봤다. 이제는 날 때부터 제각기 다른 성질을 지니는 '유전적 다양성'에 주목해서 잡초의 변화 능력을 알아보자.

유전적으로 고르지 않은 집단을 의인화해서 말하면 '개성 있는 집단'이라 표현할 수 있다. 식물에게 개성이란 어떤 의미일까? 잡초와 달리 다양성이라고는 없는 특이한 식물 집단이 있다. 바로 인간이 재배하는 농작물이다.

농작물은 인간이 만들어낸 엘리트 식물이다. 예컨대 고시히카리(쌀 품종 중 하나) 종자를 뿌렸는데 쌀의 입자에 따라 맛이 제각각이면 곤란하다. 벼 이삭이 나오는 시기가 각기 달라도 수확에 문제가 생긴다. 그래서 농작물은 균일하게 만드는 데 중점을 둔다. 다양성보다 균일성을 중시하고 고른 낟알을 갖도록 형성된 집단이다.

식물의 균일성이 가져온 문제에 관한 흥미로운 사례가 있다. 1840년대 아일랜드에서 갑작스레 감자 역병이 대유행해 기록적인 기근이 닥쳤다. 1백만 명에 이르는 사람이 아사했고 2백만 명의 인구가 고향을 버리고 국외로 탈출했다.

역사를 뒤흔든 이 사건의 배경에는 감자의 균일성이 있었다. 감자는 덩이줄기로 증식이 가능하다. 그래서 아일랜드에서는 하나의 개체에서 증식시킨 감자의 품종을 전국에 배양했다. 즉 품종이 단 하나였다는 말이다. 하지만 하나밖에 없는 품종이 어떤 질병에 취약할 경우 온 나라의 감자가 취약해지는 결과를 가져온다. 전국의 감자가 괴멸되는 사태가 일어난 것이다.

작물은 인간이 가장 우수한 종을 선발하여 가린 것이다. 하지만 우수함의 기준은 어디까지나 인간에게 한정된 것에 불과하다. 인간의 보살핌을 받는다면 괜찮겠지만 자연계는 그런 한정된 능력만으로 살아남을 수 있을 만큼 만만한 곳이 아니다.

그래서 야생 식물은 대개 다양한 성질을 갖추고 있다. 같은 종류의 식물이라도 이쪽 무리는 어떤 병에 약해도 저쪽 무리는 강할 수 있다. 각각 강한 부분이 달라서 어떤 상황이 와도 전멸하는 일은 일어나지 않는다.

골프장에 적응한 식물

골프장은 식물에게 혹독한 곳이다. 그렇게 빈번하게 풀을 깎는 곳은 거의 없다. 그런 골프장에서 자라는 새포아풀(머릿그림 6)은 볏과 잡초다. 앞서 설명했듯이 볏과 식물은 성장점을 밑동 근처까지 낮춰 풀 깎기에 적응해왔다.

하지만 이삭이 올라올 때는 어쩔 수 없이 위험에 노출된다. 이삭을 달려면 줄기를 뻗어야 하는데 골프장의 잦은 제초에 금세 소중한 이삭이 잘려나간다. 과연 새포아풀은 어떻게 대처했을까?

놀랍게도 골프장에서 자라는 새포아풀은 풀이 깎여나가는 높이보다 낮은 곳에 이삭을 매다는 특수한 능력을 개발했다. 골프장에는 페어웨이, 러프, 그린 등 다양한 구역이 있는데 구역마다 잔디의 높이가 모두 다르다. 골프 코스의 중심에 있는 페어웨이는 잔디를 짧게 깎아 유지하고 코스 밖의 러프는 공을 치기 어렵도록 잔디를 크게 자라도록 놔둔다. 대략 페어웨이의 잔디 높이는 14밀리미터, 러프는 35밀리미터다.

흥미로운 것은 페어웨이와 러프에서 새포아풀 포기를 뽑아와 재배하면 페어웨이의 풀이 러프의 것보다 낮은 위치에 이삭이 달린다. 서식하는 장소의 잔디 높이에 맞춰 이삭이 달리도록 적응한 것이다. 그린의 잔디도 마찬가지다. 그린은 골프장 내에서도 잔디를 가장 바짝 깎는 구역이다. 높이는 3~5밀리미터 정도로 러프나 페어웨이와 비교해도 현격히 낮다. 밑동 아슬아슬한 높이까지 깎여나가는 환경에서도 그보다 더 낮은 위치에 이삭이 달리도록 변화해왔다. 식물의 적응력에 감탄을 금할 수 없다.

상식 밖의 것이 변화를 일으킨다

기린은 수없이 여러 세대를 거치면서 진화한 결과 높은 나무 위의 잎을 먹을 수 있도록 긴 목을 가지게 되었다. 그렇게 되기까지는 상상도 할 수 없을 만큼 오랜 시간이 필요했다. 한편 새포아풀이 골프장의 잔디 깎기에 적응해 이삭의 위치를 변화시키기까지는 어느 정도 기간이 걸렸을까?

빈번하게 깎여나가는 환경에서 긴 시간을 들여 적응하기란 불가능하다. 한번 깎였을 때 이삭을 만들지 못하면 씨앗을 남기지 못한다. 다시 기회는 없다. 잠깐의 망설임도 허용되지 않는다.

새포아풀은 환경에 따라 스스로를 변화시키는 표현형 가소성을 지니고 있다. 잔디가 깎여나가는 자극을 감지한 새포아풀은 낮은 위치에 이삭을 매달며 잔디 깎기에 적응해왔다. 하지만 표현형 가소성에도 한계가 있다. 심지어 골프장의 그린에서는 불과 몇 밀리미터만 남기고 모조리 깎여나간다. 거기에 적응하기란 새포아풀로서도 쉽지 않다.

그런데 새포아풀 중에는 아주 낮은 위치에 이삭을 매다는 능력을 가진 개체가 있다. 새포아풀 내에서는 '변종'에 속할지 모른다. 땅에서 겨우 몇 밀리미터 떨어진 높이에서 이삭을 만들다니 일반적인 자연에서는 전혀 쓸데없는 능력이다. 기묘하면서도 특수한 이 능력이 골프장의 그린이라는 특정 장소에서는 힘을 발휘했다. 변칙적인 새포아풀이 만들어낸 자손 덕에 골프장의 그린이라는 가혹한 환경에 새포아풀이 적응할 수 있었다.

낮은 위치에 이삭을 다는 능력은 웬만한 곳에서는 도움이 되지 않는다. 그럼에도 새포아풀 집단은 그런 변종을 버리지 않고 계속해서 만들어낸 것이다.

다른 예로 제초제가 듣지 않는 식물이 있다. 제초제는 잡초를 방제하기 위한 약품인데 최근에는 제초제가 소용없는 '제초제 저항성 잡초'가 등장해 문제가 되고 있다. 제초제를 뿌리면 대부분의 식물은 살아남지 못한다. 하지만 다양한 식물 집단 속에 제초제가 듣지 않는 특수한 유전자를 가진 것이 있다. 그렇게 살아남은 얼마 안 되는 개체가 씨앗을 남겨 제초제가 통하지 않는 유전자를 만드는 개체가 차츰 증식해나간 것이다.

제초제가 만들어진 것이 근대 이후라는 점을 생각해보면 그동안 별 쓸모도 없었을 '제초제가 듣지 않는 유전자'를 계속해서 만들어온 자연계에 감탄하지 않을 수 없다. 잡초는 변종이자 열등생으로 취급받고 오히려 생존에 불리했을지도 모를 유전자를 계속 유지해온 것이다. 다양성만이 상상할 수 없는 변화의 환경에 적응하는 전략이라는 사실을 다시 한 번 실감하는 순간이다.

정답은 없다

민들레꽃은 노란색이다. 빨간 민들레나 보라색 민들레는 없다. 다양성과 개성의 전략도 여기에는 통하지 않는다. 그 이유 역시 생존과 관련돼 있다. 민들레꽃은 등에류를 이용해 수분을 하고 등에류는 노란색 꽃에 잘 모인다. 민들레에게는 노란색 꽃이 최적인 셈이다.

모든 것에 다양성을 갖출 필요는 없다. 명확한 답이 있을 때는 식물도 다양성을 내세우지 않는다. 그러나 민들레의 잎은 형태가 다양하다. 잎의 형태에는 정답이 없으므로 다양한 모양이 존재하는 것이다. 무엇이 정답인지는 알 수 없다. 그 답은 환경에 따라 다르기 때문이다. 답을 모를 때 식물은 다양성을 발휘한다.

식물뿐 아니라 모든 생물이 그렇다. 예컨대 인간의 눈은 두 개다. 눈이 세 개인 사람은 없다. 인간의 눈은 두 개가 최적이므로 누구나 눈을 두 개 가지고 있다. 거기에는 개성이 없다. 반면 인간의 얼굴에는 개성이 있다. 성격에도 개성이 있고 능력에도 개성이 있다. 그렇다면 그 개성에는 의미가 있다는 뜻이다.

잡초는 스스로 복제하여 증식하는 전략보다 다양성 있는 이능력 집단을 유지하는 데 노력을 쏟아왔다.

정답이 없는 시대, 예측 불가능한 변화의 시대에 우리에게 필요한 것이 무엇인지를 잡초의 진화가 말해주는 게 아닐까?

새포아풀

제9강

상식을 뛰어넘은 잡초

1
식물이 변화에 살아남는 조건

제4강에서 제8강까지 식물의 생존 전략을 역경, 변화, 다양성의 요소로 나누어 살펴봤다. 이들 세 요소의 관계를 축으로 식물의 생존 전략 다섯 가지를 정리하면 다음과 같다.

1) 약점을 인지하고 강점에 집중한다

잡초는 약한 식물이다. 이 전제에서 모든 것이 출발한다. 인간의 눈에 잡초는 생명력이 질기고 강한 식물로 비춰진다. 아무리 험악한 환경에서도 살아남는 식물이라고 여겨지기 때문이다. 하지만 그런 능력은 오히려 잡초가 다른 식물과의 경쟁에 취약하기 때문에 가지게 된 것이다. 잡초는 경쟁력 강한 식물도 힘을 온전히 발휘하기 어려운 '변화하는 환경'에 승부수를 걸었다. 변화가 많은 곳에는 그만큼 기회도 많이 있다. 잡초는 특수한 환경을 기회로 삼아 자신의 강점을 최대화해서 생존에 전력을 다한다.

2) 단순화를 통해 새로운 가치를 만든다

변화에 적응하기 위해 식물은 '풀'이라는 시스템을 선택했다. 원래 식물은 큰 나무로 자라는 방향으로 진화해왔다. 일반적 환경에서는 강자가 이긴다. 식물계에서 강자는 키가 커서 햇빛을 충분히 받을 수 있고 뿌리를 넓고 깊게 뻗어서 많은 영양분을 흡수할 수 있는 종이다. 나무는 점점 대형화되며 진화를 거듭했다.

하지만 공룡 시대가 끝나갈 무렵 기후 변화가 찾아오고 대지 환경도 달라지기 시작했다. 변화의 시대가 다가온 것이다. 환경의 변화에 맞춰 식물 역시 혁명적인 변화를 감행했다. 겉씨식물에서 속씨식물로의 진화다.

속씨식물은 겉씨식물에 비해 단기간에 씨앗을 만들어낼 수 있다. 속씨식물의 등장으로 진화는 가속화했고 아름다운 꽃을 피워 씨앗을 만드는 식물이 탄생하게 됐다. 꽃을 피우고 곤충의 도움으로 꽃가루를 운반하는 획기적인 시스템은 식물에게 새로운 서식지를 제공했다. 크기가 아닌 성장 속도로 승부하는 풀이라는 새로운 유형의 식물은 불안정한 환경에서 생존하기에 적합했다.

풀이 만들어낸 새로운 가치는 '단순함'이었다. 단순화는 성장 속도를 높이고 변화에 대응하는 유연성, 역경을 극복하는 회복력 등의 부가가치로도 이어졌다. 이러한 능력을 고도로 갈고 닦아 인간이 만들어내는 변화에 적응할 수 있게 진화한 식물이 바로 잡초다.

처절한 비즈니스 경쟁을 레드오션, 아직 경쟁이 없는 새로운 시장을 블루오션이라 한다. 그래서 흔히 블루오션 전략을 경쟁이 없는 시장이 어디인지 탐색하는 데 중점을 두는 것으로 오해하지만 실제로는 그렇지 않다. 세계적인 경제학자 마이클 포터 Michael E. Porter 는 경쟁에 이기기 위해서는 가격을 낮추거나 가치를 높이는 전략 가운데 하나를 추진해야 한다고 말했다. 블루오션 전략은 한발 더 나아가 불필요한 기능을 줄여서 가격을 낮추는 동시에 새로운 기능을 늘려 고가치화를 실현하고자 하는 이론이다.

식물의 세계에서 풀은 불필요한 기능은 줄이면서 새로운 부가가치를 만들어낸 블루오션을 실천한 모델이다. 거대하고 복잡했던 나무에서 단순하지만 적응력이 뛰어난 풀로의 진화는 이제까지 식물이 생존할 수 없었던 장소, 블루오션에 들어서기 위한 혁명이었다.

3) 되도록 싸움을 피하고 변화가 만들어낸 새로운 환경을 받아들인다

되도록이면 싸우지 않는다. 이것은 모든 생물에게 공통적으로 보이는 생존 전략이다. 자연계의 경쟁은 치열하다. 생물 간의 싸움은 자신의 영역, 니치를 둘러싸고 일어난다. 니치를 차지하면 살아남고 지면 멸종이다. 생존을 건 맹렬한 싸움이다.

한번 경쟁자를 이겼다 해도 승리를 지속하기는 쉽지 않다. 가능하면 싸우지 않고 이길 수 있는 곳에서 승부하는 것이 최선이다. 그것이 지구상에서 살아남아 진화를 거듭해온 생물의 철칙이다.

니치는 일등이 될 수 있는 유일한 장소다. 대개 강자에게 유리한 싸움이지만 약자도 니치를 쟁취할 수 있는 조건이 있다. 환경의 변화다. 기존의 환경이 바뀌어서 새로운 환경이 생겨나면 그곳은 어느 누구도 차지하지 못한 빈 공간이다. 신속하게 적응하여 싹을 틔우는 식물이 유리하다. 성장에 오랜 시간을 투자해야 하는 나무보다 변화에 맞춰 자신을 바꿀 수 있는 식물에게 기회가 주어진다. 잡초는 누구보다 빨리 변화를 받아들여 스스로를 바꿔나갔다. 식물이 서식하기 어려운 장소에 강점을 극대화해서 진화해 살아남았다. 잡초에게 '변화'란 역경이 아니고 참고 견뎌야 하는 것도 극복해야 할 대상도 아니다. 변화는 기회다.

4) 싸울 장소는 좁히되 선택지는 줄이지 않는다

A가 좋을지 B가 좋을지 선택에 고민될 때가 있다. 어느 쪽으로 해야 할지 판단이 서지 않는다면 어느 선택지도 버리지 말아야 한다. 옳고 그름은 환경이 바뀌면 달라지기 때문이다.

식물은 자신에게 유리한 장소를 선택해 살아남는다. 가능한 범위를 좁혀서 자신의 강점이 극대화될 수 있는 곳을 찾는다. 하지만 어떤 강점이 효과가 있었다고 해서 나머지 강점을 버리진 않는다. 변화가 심한 환경이므로 언제 다른 강점이 필요할지 알 수 없다. 승부할

다양한 잡초

곳의 범위는 좁히지만 선택지를 줄여서는 안 된다.

5) 안이하게 취사선택하지 않고 다양함에 가치를 둔다

　선택지는 많으면 많을수록 좋다. 무엇이 가치가 있을지 알 수 없다. 지금 가치가 있다고 해서 영원히 지속된다는 보장은 없다. 잡초가 승부하는 환경은 변화가 일어나는 장소이며 예측하기 어렵다. 변화에 대응하는 데 가장 위험한 것은 단순한 가치 기준으로 쉽게 가치를 규정하는 일이다. '크면 클수록 좋다', '빠르면 빠를수록 뛰어나다' 등과 같은 단순한 척도는 환경이 달라지면 쉽게 무너진다.

　큰 것이 좋은지 작은 것이 좋은지는 알 수 없다. 빠른 쪽이 좋은지 느린 쪽이 좋은지도 알 수 없다. 이런 예측 불가능한 환경 속에서 잡초가 유일하게 믿을 수 있는 가치는 '다양성'을 유지하는 것뿐이다.

2
이상적인 잡초

지금까지 살펴본 대로 잡초는 예측하기 어려운 변화가 일어나는 환경에 적응해 특수한 진화를 해온 식물이다. 잡초라고 부를 수 있는 식물은 일부 선택받은 종뿐이다. 무엇이 잡초를 특별하게 만들까?

잡초라 불리는 식물에는 공통점이 있다. 식물이 잡초로 성공하기 위한 특성을 '잡초성weediness'이라고 한다. 잡초성을 가지고 있는 식물이 환경의 변화에 적응해 잡초가 될 수 있다.

식물학자 베이커는 잡초성을 보여주는 이상적인 잡초의 특징을 열두 가지로 정리했다. 여기서 이상적이란 인간 기준이 아닌 잡초로서의 이상을 뜻한다.

1) 씨앗은 휴면할 수 있으며 발아에 필요한 환경 요인은 다양하고 복잡하다

서두르면 일을 그르친다. 잡초에게 있어 발아 시기는 성공을 좌우하는 큰 요인이다. 최적의 순간에 발아하기 위해 씨앗은 땅속에서 때를 기다린다. 그리고 다양한 환경 정보를 수집해 발아 시기를 결정한다. 일반적으로 식물이 씨를 뿌리면 바로 발아를 시작하는 것과 큰 차이가 있다.

2) 발아가 불규칙하며 땅속 종자의 수명이 길다

일제히 발아하면 전멸할 가능성이 있다. 모든 자원을 한꺼번에 투입해서는 안 된다. 혹시 모를 사태에 대비해서 땅속에 충분한 양의 씨앗을 대기시킨다. 그리고 적당한 시기에 순서대로 싹을 틔운다. 나머지 땅속의 씨앗은 오랜 세월 묵묵히 때를 기다린다. 흙 속 보이지 않는 곳에 잠재돼 있는 씨앗이 곧 잡초의 생명력이자 강점이다.

3) 성장이 빨라서 꽃을 금세 피울 수 있다

속도는 잡초의 성공에 중요한 키워드다. 싹이 나오기까지는 시간이 걸리지만 발아가 된 이후부터는 지체하지 않는다. 새싹이 나면 재빠르게 성장해 생존 가능한 장소를 확보해야 한다. 예측 불가한 환경에서는 무슨 일이 일어날지 알 수 없다. 불안정한 상황일수록 조금이라도 더 빨리 꽃을 피워 씨앗을 만들 수 있는 속도가 필수적이다.

4) 가능한 한 오래도록 씨앗을 생산한다

꽃을 피워 씨앗을 남기는 일은 모든 식물의 생존 목적이다. 더구나 한번 꽃을 피웠다고 해서 그것으로 끝이 아니다. 계속해서 꽃을 피워 최대한 많은 씨앗을 남겨야 한다. 얼마나 살아남을 수 있을지 모르는 환경에서 끝을 정해두고 성장을 멈추는 것은 어리석은 일이다. 힘이 닿는 데까지 많은 씨앗을 생산해야 한다. 그것이 잡초가 살아가는 방식이다.

5) 자가수분할 수 있지만 절대적은 아니다

식물이 자신의 꽃가루를 스스로 암술에 붙여 씨앗을 만드는 능력을 자가화합성 또는 자가생식성이라고 부른다. 스스로 수분한다는 의미로 자가수분이라고도 한다. 또 수분 과정 없이 일어나는 아포믹시스apomixis란 단위생식도 있다. 모두 외부 도움 없이 스스로 씨앗을 만들 수 있는 능력이다.

자가화합성은 다른 개체와의 교류 없이 하나의 개체만 있어도 씨앗을 만들 수 있다. 스스로 결실을 이룰 수 있다는 것은 잡초의 커다란 강점이다. 혼자 동떨어져 살아남은 환경에서도 번식하고 자손을 남길 수 있기 때문이다. 그러나 이 방식에는 단점이 있다. 자기 능력을 넘어선 씨앗을 만들어내기가 어렵다. 따라서 상황에 따라 다른 개체와 유전자를 교환하는 유연성을 가지는 것이 중요하다.

6) 타가수분을 할 때는 바람이나 곤충을 이용한다. 다만 곤충을 특정하진 않는다

곤충은 꽃가루를 날라 교배를 도와주는 소중한 동료다. 다만 수분 과정을 특정 곤충에게 의존하면 무슨 일이 생겼을 때 대처할 수가 없다. 종류를 가리지 않고 더 많은 곤충과 광범위하게 관계를 맺는 편이 좋다. 혹시 곤충이 없는 경우라면 바람으로 꽃가루를 운반할 수 있는 구조를 갖춰둬야 한다. 항상 예측할 수 없는 상황에 대비한 선택지를 마련해둔다. 선택지는 많을수록 좋다.

7) 이상적인 환경에서는 씨앗을 많이 만든다

조건이 나쁜 곳에서 어떻게든 꽃을 피우는 것은 잡초의 큰 장점이다. 그러나 역경을 극복하는 것도 중요하지만 환경이 좋을 때 잠재 능력을 최대한 발휘하는 능력도 필요하다. 다시 말해 좋은 조건의 서식지에서 씨앗을 남기는 본래의 목적을 잃은 채 잎만 무성하게 키우는 식물도 많다. 하지만 잡초는 흔들림 없이 모든 자원을 동원해 가능한 한 많은 씨앗을 생산한다. '다산'은 잡초의 성공에 무엇보다 필수적인 요소다. 성장하면 할수록 그만큼 많은 씨앗을 생산한다.

8) 열악한 환경에서 조금이라도 씨앗을 생산한다

아무리 역경을 이겨냈더라도 씨앗을 남기지 못하면 의미가 없다. 잎이 무성하게 잘 자란 식물이라도 씨앗을 남기지 못하고 죽는다면

멸종할 가능성이 있다. 단 한 알이라도 씨앗을 남긴 자가 최후에 승리한다. 잡초는 어려운 조건에서도 적게나마 반드시 씨앗을 생산해낸다. 그것이 잡초의 진면목이다.

9) 씨앗을 퍼뜨리기 위한 영리한 구조를 가지고 있다

움직이지 못하는 식물에게 씨앗은 이동의 기회다. 식물은 씨앗을 통해 미지의 땅으로 영역을 확장시키기 위해 도전한다. 모체가 있는 주변에만 씨앗을 흩뿌린다면 아까운 일이 아닐 수 없다. 더 환경이 좋은 곳, 더 많은 자손을 남길 수 있는 장소를 찾아서 가능한 여러 방향으로 씨앗을 보내야 한다. 잡초는 분포 영역을 넓히기 위해 고도로 발달된 구조를 갖고 있다.

10) 여러해살이풀은 절단된 기관에서 강인한 번식력과 재생력을 발휘한다

식물은 쉽게 잘리기도 하고 꺾이기도 한다. 그 정도에 무너져서는 험난한 자연계에서 살아남을 수 없다. 잡초는 아무리 잘리고 뽑혀도 다시 자라난다. 그뿐 아니라 역경을 증식에 이용한다. 절단된 줄기나 뿌리에서 다시 싹을 올리기 때문에 많이 잘릴수록 개체수가 늘어나는 놀라운 현상을 볼 수 있다.

11) 여러해살이풀은 인간의 교란이 닿지 않는 깊은 땅속에 휴면눈을 갖고 있다

휴면눈은 형성된 후에 일정 기간 동안 발육하지 않고 있는 휴면 상태의 눈을 뜻한다. 잡초는 인간에게 밟히고 베이고 갈리기 쉬운 장소에서 자라난다. 경작지나 길가, 공터와 도로 같은 곳이다. 인간이 일으키는 다양한 교란에 대응하는 주요 전략은 땅속 깊이 휴면 중인 눈을 보유하는 것이다. 지표면에서 교란에 적응해 생존하는 것만큼 어떤 변화가 찾아와도 다시 싹을 틔울 수 있는 능력을 갖춰야 한다. 필요할 때 휴면눈이 거듭 자라나므로 교란에 지지 않고 생존할 수 있는 것이다.

12) 식물의 종간 경쟁에 유리한 구조를 갖춘다

식물은 빛과 수분, 비료 등 한정된 자원을 서로 차지하고자 치열하게 경쟁한다. 조금이라도 경쟁에서 유리한 위치를 점유하기 위해 식물은 다양한 기술을 발달시켰다. 고유한 강점 없이는 극심한 경쟁 사회에서 살아남을 수 없기 때문이다.

이와 같은 특징은 잡초가 역경에 살아남기 위한 핵심이자 성공 비결이다. 물론 잡초라 불리는 식물이 열두 가지 특징을 다 가지고 있는 것은 아니다. 하지만 몇 가지는 반드시 가지고 있으며 열두 가지 가운데 많이 가지고 있을수록 '이상적인 잡초'로 자리매김할 수 있다.

양미역취

제3부

식물의 철학

지금까지 식물의 행동과 전략을 통해서 역경과 변화에 대처하는 자세를 살펴봤다. 생각해보면 잡초는 신기한 식물이다. 인간에게 훼방꾼이자 적으로 여겨지면서 동시에 그 강인함은 동경의 대상이 되기도 한다. 더구나 식물의 세계에서 잡초는 약한 식물이라는 사실은 가히 충격적이다.

   그토록 약한 식물이 어떻게 강인함의 상징이 되었을까? 역경을 기회로 삼고 장점으로 승화시킨 그들의 생존 전략은 오늘날 가장 필요한 철학일지 모른다. 글로벌화라는 거대한 파도에서 고전하는 기업, 팬데믹의 영향으로 피할 수 없는 역경을 맞은 우리 모두 변화의 한가운데에 있기 때문이다.

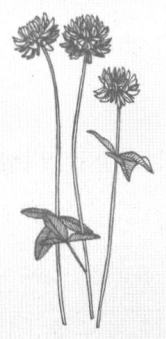

제10강

식물의 생존 전략
6가지

식물은 살아남기 위해 다양한 전략을 구사한다. 특히 어려운 환경에서 살아가는 잡초는 더 다양한 전략을 갖고 있다. 어설프게 다른 식물의 전략을 흉내 내서는 경쟁에서 이길 수 없다. 잡초의 숫자만큼 전략이 있다고 해도 과언이 아니다.

  자연계에서는 유일한 존재가 되어야 살아남을 수 있으므로 유일한 존재가 되기 위한 유일한 전략이 필요하다. 식물이 생존 경쟁에서 사용하는 놀랄 만큼 다양한 전략은 어떤 것인지 자세히 알아보자.

전략 1
도미넌트 전략

　등에라는 곤충은 벌보다 낮은 기온에서 활동을 시작한다. 아직 추위가 가시지 않은 초봄에 꽃을 피우는 잡초는 등에의 도움으로 꽃가루를 운반한다.

　하지만 등에는 꽃가루를 날라주는 파트너로서 결정적인 결함이 있다. 벌은 머리가 좋아서 같은 종류의 꽃을 골라 꽃가루를 날라준다. 반면 벌만큼 영특하지 못한 등에는 꽃의 종류를 식별하지 못해 온갖 종류의 꽃으로 꽃가루를 나른다. 민들레꽃 꽃가루를 유채꽃으로 나르기도 하고 유채꽃 꽃가루를 냉이로 나르기도 한다. 이렇게 되면 식물은 씨앗을 만들지 못한다. 그럼 어떻게 등에가 같은 종류의 꽃으로 꽃가루를 나르게 할 수 있을까?

　성공의 비밀은 서로 모여서 꽃을 피우는 것이다. 등에가 자유로이 주변을 맴돌아도 꽃이 모여 있으므로 결국 같은 종류의 꽃에 도달한

마리모토 토코의 〈곤충 화보〉 속 등에, 1910

다. 등에의 이동 범위를 좁혀서 확률을 높이는 것이다. 더구나 등에는 벌에 비해 비행 능력도 떨어진다. 멀리 날지 못하므로 민들레가 모여서 피어 있다면 마구잡이로 휘젓고 다녀도 민들레끼리 수분이 가능하다.

실제로 봄에 피는 초화 대부분은 등에의 도움을 받아야 하기에 군락을 이뤄 피어난다. 봄의 들판에 무리 지어 핀 꽃밭이 가득한 이유기도 하다. 비즈니스 세계에서 어느 한 지역에 매장을 집중적으로 출점하는 도미넌트dominant 전략과 흡사하다.

민들레에는 두 종류가 있다. 예로부터 국내에 자생하는 토종민들레와 외래에서 들어온 서양민들레다. 토종민들레는 한데 모여서 피어나는 전략을 취하는 반면 서양민들레는 군락을 이루지 않고 한 포기씩 피어나곤 한다. 서양민들레는 홀로 씨앗을 만드는 능력을 갖고 있기 때문이다.

전략 2

코스모폴리탄 전략

비즈니스 용어 중에는 특정 분야에 전문성을 가지는 스페셜리스트 specialist와 여러 영역에서 광범하게 일할 수 있는 제너럴리스트 generalist가 있다. 이 개념은 생물의 세계에도 적용할 수 있다. 특정한 환경에 유리한 식물과 광범한 환경에서 살아나갈 수 있는 식물이다. 자연계에서는 스페셜리스트와 제너럴리스트, 어느 쪽이 유리할까?

압도적으로 숫자가 많은 쪽은 스페셜리스트다. 물론 다양한 환경에 널리 분포하는 제너럴리스트도 존재하지만, 자신이 최고가 될 수 있는 영역인 니치를 획득하기 위해서는 그곳의 스페셜리스트가 되어야 하기 때문이다.

하지만 어떤 환경에 유리하다는 말은 다른 환경에서는 불리하다는 뜻이다. 다시 말해 한쪽을 선택하면 한쪽을 희생해야 하는 상충 관계에 있다. 상충 관계가 심하면 심할수록 스페셜리스트가 되어갈 가능성이 높다. 반면 상충 관계가 약하면 다양한 환경에 적응할 수 있으므로 제너럴리스트가 유리하다.

세계를 두루 돌아다니면서 활약하는 국제적인 인재를 코스모폴리탄cosmopolitan이라고 부르는데 식물도 전 세계 어디에서나 찾아볼 수 있는 코스모폴리탄이 있다. 해외여행을 갔다가 국내에서 봤던 잡초를 발견하기도 한다. 이런 코스모폴리탄 식물의 조건은 어떤 환경에서도 살아남을 수 있는 폭넓은 적응성이다.

대개 잡초는 스페셜리스트로 분류된다. 환경 변화에 따라 적합한 능력을 강화시켜 왔기 때문이다. 불리한 요건을 역으로 이용해 생존해온 것이다. 논에서 자라는 잡초는 쉽게 뽑히는 논이라는 환경에 적합한 잡초가 되고 길가의 잡초는 늘 밟히는 환경에 적합한 스페셜리스트가 되어야 한다.

그 결과 상충 관계에 시달리게 된다. 밟히는 데 최적화된 길가의 잡초는 논에서 적응하기 어렵다. 생존을 위해 발달시킨 능력이 오히려 다른 환경에서는 생존하기 어려운 식물로 만들어버린 것이다. 계속해서 밟히는 환경에만 익숙해진 잡초에게 길가는 이미 불안정한 환경이 아니다. 예측 가능한 안정된 조건이 되어버린다.

하지만 제너럴리스트는 예견된 변화를 선호하지 않는다. 불안정한 환경을 끊임없이 추구하며 조건을 충족시키는 장소를 찾아 전 세계로 퍼져 나갔다. 전문화되지 않은 상태로 가능한 한 다양한 영역에서 생존할 수 있는 능력이야말로 코스모폴리탄 잡초의 특징이다.

코스모폴리탄 전략은 식물뿐 아니라 미생물에게서도 찾아볼 수 있다. 흔히 미생물은 제너럴리스트로 시작해 환경에 적응하여 스페셜리스트로 변화하는 것이 많다고 한다. 하지만 환경에 적응한 스페셜리스트는 그 환경에 특화된 나머지 막다른 곳에 다다를 위험이 있다. 환경이 변해버리면 스페셜리스트로서의 우위도 잃게 되고 꼼짝없이 절멸한다.

따라서 제너럴리스트야말로 변화를 극복하는 힘이다. 환경에 맞춰 스페셜리스트를 만들어내는 원동력이며 새로운 진화를 이루기 위한 필수 조건이다.

전략 3

로제트 전략

민들레처럼 지면에 붙어서 뿌리에서 자라난 잎을 장미 모양으로 펼치고 월동하는 로제트rosette 식물은 스트레스를 견디는 유형이다. 추위와 더위, 건조한 시기에 식물은 로제트 형태를 만든다. 밟히거나 베이기 쉬운 환경에서 로제트 전략으로 위기를 극복하는 경우도 많다.

로제트 식물이 많이 나타나는 시기는 겨울이다. 찬바람이 불면 많은 사람이 등을 움츠린 채 구부정한 자세로 걷는다. 추운 바깥 공기에 닿는 면적을 최대한 줄이기 위한 고육지책이다. 부피당 표면적이 가장 작은 형태는 구球이기 때문이다. 표면적을 줄이려면 가능한 한 공 같은 모양을 만들어야 한다.

반대로 초겨울 따뜻한 햇볕 아래서는 어떨까? 기지개를 켜거나 툇마루나 잔디 위에서 뒹굴고 싶어진다. 온몸으로 햇빛을 쬐고 싶을 것이다.

동물은 춥거나 따뜻할 때 적절히 자세를 바꿀 수 있지만 식물은 그렇지 않다. 매일 거의 같은 자세로 있다. 겨울의 추위는 견디기 어렵겠지만 햇빛은 실컷 받고 싶을 터다. 하물며 광합성이 활동의 근원인 식물에게 빛은 생명줄이나 다름없다. 추위는 피하면서 햇빛을 받기 위한 최고의 방법이 로제트 전략이다. 겨울철 땅에 마치 장미꽃처럼 방사형으로 퍼져 잎이 겹겹이 지면에 딱 붙어 있는 식물을 종종 찾아볼 수 있다. 장미 장식과 모양이 비슷하다 하여 '로제트'라 불린다.

로제트 식물은 줄기가 매우 짧아서 없는 것처럼 보인다. 짧은 줄기에 빽빽하게 자라난 이파리가 지면에 딱 붙어 있다. 바깥 공기가 닿는 면적은 이파리뿐인데 그마저도 앞면뿐이다. 즉 바깥 공기가 닿는 면적을 최소화하는 것이다. 마치 엎드려서 고개 숙인 것 같은 자세로 거칠게 몰아치는 찬바람을 견딘다.

로제트 전략은 상당히 기능적인 월동 방식이다. 민들레 같은 국화류, 냉이 등의 유채류, 월견초라고도 불리는 달맞이꽃류 등은 닮은 구석이라곤 없는 서로 다른 종류지만 모두 로제트 전략으로 겨울을 넘긴다. 수만 번의 시행착오 끝에 제각기 진화해 같은 형태에 이르게 되었다는 것이 흥미롭다.

로제트 식물은 결코 때를 기다리는 유형이 아니다. 보통 추운 겨울에는 씨앗 형태로 땅속에 휴면하는 편이 따뜻하고 위험도 적다. 그럼에도 로제트 식물은 추운 겨울날에 일부러 잎을 펼쳐 광합성을 지속한다. 광합성으로 생성한 영양분은 땅속뿌리에 축적해둔다. 이윽고

잎이 로제트처럼 펼쳐진 엉겅퀴

봄이 오고 다른 식물이 씨앗에서 싹을 틔우기 시작할 때 로제트를 형성하고 있는 식물은 축적된 영양분을 사용해 단숨에 꽃대를 올려 빨리 꽃을 피울 수 있다.

사실 로제트 식물은 식물 중에서도 경쟁에 약한 종류다. 그래서 다른 식물과 경쟁할 필요가 없도록 다른 잡초가 성장해 무성해지기 전에 꽃을 피워 씨앗을 남기는 작전을 쓰는 것이다.

이렇게 생각하면 로제트 식물에게 겨울은 결코 피하고 싶은 계절이나 참고 견뎌야 할 시간이 아니다. 생존을 위해 노력하는 소중한 기회다. 다른 식물이 활동을 멈추고 잠자는 겨울이 있기에 로제트 식물이 성공적으로 살아남을 수 있는 것이다.

전략 4

알레로파시 전략

어떤 장소에 혼자만 살아남아 독점하는 것은 좋은 일일까? 언뜻 경쟁자가 없는 나만의 영역을 갖는 것이 좋다고 생각할 수 있다. 하지만 경제학자 마이클 포터는 경쟁자를 무너뜨리기보다 좋은 경쟁자와 공존해야 한다고 지적한다.

혼자만의 독주는 용인되지 않는다. 그것이 자연계의 섭리다. 양미역취(머릿그림 7)는 알레로파시 allelopathy(타감 작용)를 가진 잡초로 알려져 있다. 알레로파시란 화학 물질을 이용해 인접 식물에게 해로운 영향을 미치는 작용이다. 식물 세계의 경쟁에는 규칙도 도덕도 없다. 무엇이든 가능하다. 자신이 살기 위해서 뿌리에서 유독한 화학 물질을 내뿜어 상대를 공격하는 화학 무기를 사용하기도 한다.

알레로파시 작용을 하는 식물의 즙을 다른 식물에게 주었더니 발아와 성장이 억제되었다. 또 주변의 잡초를 시들게 하는 결과를 가져오기도 했다. 인접한 식물에게는 엄청나게 공포스러운 공격이다. 대표적인 식물로 양미역취가 있다. 양미역취는 북미에서 건너온 귀화 식물로 국내의 식물을 차례로 몰아내고 군림하기 시작했다. 양미역취가 내뿜는 알레로파시 물질이 그 원인이었다.

그런데 자연계의 상당히 많은 식물이 많든 적든 알레로파시 물질을 가지고 있다고 한다. 다만 자연계에서 알레로파시가 문제가 되는 일은 거의 없다. 화학 병기라고 하면 무서운 느낌이 들지만 본래 식물은 병원균이나 해충으로부터 자신을 지키기 위해 다양한 화학 물질을 내뿜는다. 화학 물질이 주변의 식물을 공격하는 경우가 있을 수는 있지만 서로 주거니 받거니 하는 수준이다.

주변의 식물은 함께 진화해왔으므로 서로의 특성을 이미 잘 파악하고 있다. 알레로파시의 영향으로 시들어 죽는 일은 없다. 서로 화학 물질로 공격을 하면서도 적당히 균형을 이루어 생태계를 유지하고 있는 것이다.

그런데 양미역취는 해외에서 들어온 외래 식물이다. 국내 식물은 양미역취가 만들어내는 알레로파시 물질은 경험한 적 없었기에 아무런 대책도 세우지 못했다. 갑작스러운 화학 물질의 공격에 국내 식물은 쉽게 무너지고 말았다.

하지만 양미역취에게도 좋은 일은 아니었으며 오히려 종말의 시작이라 할 수 있다. 양미역취 입장에서도 경쟁자가 줄줄이 사라지는 것은 처음 겪는 일이었다. 사방이 양미역취로 뒤덮이자 양미역취가 내뿜는 유독 물질은 결국 자신의 발아와 성장까지도 방해했다. 그리고 마침내 양미역취는 자가 중독을 일으켜 쇠퇴하게 되었다.

최근에는 이전처럼 양미역취의 왕성한 번식이 눈에 띄지 않는다. 국내 식물계에 내성이 생긴 것일 수도 있고 참억새 등 재래 식물에게 밀려난 것으로 추정되기도 한다. 흥미롭게도 괴물처럼 거대하게 자라는 양미역취는 정작 원산지인 미국에서는 자그마하게 피어나는 들꽃이다. 쇠퇴의 길을 걷게 되면서 비로소 양미역취가 본모습을 되찾고 있다. 자연계는 균형으로 성립한다. 균형이 무너지면 누구도 살아갈 수 없다. 혼자만의 독주는 용인되지 않는다.

전략 5

기생 전략

 어느 생물이 다른 생물의 영양분을 빼앗아 먹고 살아가는 것을 기생parasite이라고 한다. 대표적으로 인간의 몸속에 둥지를 틀고 영양분을 흡수하는 기생충이 있다. 식물 중에도 다른 식물에 기생하며 살아가는 기생식물이 존재한다. 기생식물은 스스로 광합성을 하지 못해 다른 식물의 영양분을 빼앗아 먹는다. 참 뻔뻔하고 교활한 전략이 아닐 수 없다. 그렇지만 식물 세계의 경쟁에는 규칙이나 도덕이 없으므로 기생 역시 자연계의 훌륭한 전략 중 하나로 꼽을 수 있다.

 숙주에 빌붙어 사는 기생 전략은 얼핏 매우 손쉽고 편리한 방법 같지만 꼭 그렇지만도 않다는 게 자연계의 흥미로운 점이다.

 실제로 기생 전략을 취하는 식물은 지극히 일부에 속한다. 대표적인 기생식물로 알려진 식물은 메꽃과의 새삼(머릿그림 8)이다. 새삼은 뿌리가 없는 덩굴 식물로 '토사자'라 불리는 씨앗은 약으로도 쓰

기생식물 새삼

인다. 줄기가 다른 식물에 달라붙어 영양분을 빨아들이기 시작하면 스스로 뿌리를 잘라내는 신기한 식물이다. 또 잎도 퇴화되어 남아 있지 않고 오로지 숙주에 달라붙어 살아간다.

스스로 광합성을 하지 못하기에 초록색이 아닌 붉은빛을 띠며 끈처럼 생겼다. 식물 위에 붉은 나일론 끈이나 철사 같은 것이 있으면 그것이 새삼이다. 새삼은 사냥감을 노리는 뱀처럼 덩굴을 만들며 뻗어나간다. 사냥감에 다다르면 어금니 같은 기생근을 차례로 내어 숙주의 몸에 부착해 양분을 빨아먹는다. 정말이지 무서운 식물이다.

하지만 의외로 새삼은 널리 퍼지지 않는다. 이듬해에 새삼이 자랐던 곳에 가보면 흔적도 없이 사라진 경우가 많다. 자손을 번식하지 못했으니 결코 성공적이라 할 수 없다.

기생식물의 삶도 녹록하지 않다. 영양분을 빼앗긴 숙주는 점점 약해져 경쟁력을 잃고 해충의 공격을 받아 쉽게 죽는다. 결과적으로 숙주와 한 몸이나 마찬가지인 새삼도 그대로 말라 죽는다. 스스로 광합성을 할 수 없기 때문이다.

숙주 의존도가 큰 만큼 생존의 위험도 커진다. 따라서 기생식물로 살아가는 데에는 상당한 각오가 필요하다. 자연계에 기생식물이 많지 않은 이유이기도 하다. 새삼에게는 안된 일이지만 무질서한 경쟁 속에서 기생 전략이 결국에는 실패로 끝난다는 사실이 어쩐지 다행스럽게 느껴진다.

전략 6
덩굴 전략

　덩굴 식물은 줄기를 주변 기둥에 감아가며 자라는 식물이다. 줄기가 곧게 자랄 힘이 없기 때문이다. 대표적으로 초등학교 시절에 많이 관찰하던 나팔꽃이 있다. 나팔꽃 씨가 싹을 틔우면 먼저 쌍떡잎이 나오고 이어서 본 이파리가 한 장 나온다. 하지만 이후부터는 관찰일기를 쓰기가 무척 힘들다. 잎을 내고 덩굴 줄기를 뻗는 속도가 상상 이상으로 빠르기 때문이다. 며칠만 지나도 금세 어린아이의 키를 훌쩍 넘길 만큼 자란다. 지주대가 충분히 높다면 단층집 옥상까지 이를 정도다. 빠른 성장 속도는 덩굴 식물의 주요 전략이다.

　보통 식물은 스스로 서 있어야 하므로 줄기를 튼튼히 세우며 성장해나간다. 반면 덩굴 줄기를 뻗는 식물은 지주대만 있으면 줄기를 견고하게 만들 필요가 없다. 그만큼 에너지를 성장에 쏟을 수 있다는 말이다. 단기간에 현저한 성장을 이룩할 수 있는 비결이다.

앞에서도 여러 번 언급했지만 성장 속도는 식물에게 있어 주요한 성공 열쇠다. 다른 식물보다 더 빨리 성장해야 가능한 넓은 공간을 점유하고 햇빛을 충분히 받을 기회를 획득할 수 있다. 광합성을 하는 식물에게 일조권은 생사가 달린 문제다. 선수를 빼앗기면 다른 식물에 가려 빛을 충분히 받을 수 없다. 다른 식물의 그늘에만 머문다면 성장 속도는 점점 더 떨어져 생존 경쟁에서 뒤처지고 응달에서 생을 마치고 말 것이다.

그래서 덩굴 식물은 다른 식물의 힘을 빌려 성장하는 다소 부끄러운 생존법을 적용했다. 자연계에는 인위적인 지주대가 없으니 주로 다른 식물을 감고 올라가거나 의지해서 뻗어가는 것이다. 덕분에 빠르게 성장하며 일조권을 확보했다. 성실하게 혼자 힘으로 성장하는 식물에 비하면 뻔뻔하다고 할지 모르지만 처절한 군웅할거의 현장에서는 참으로 효과적인 전략이라 할 수 있다.

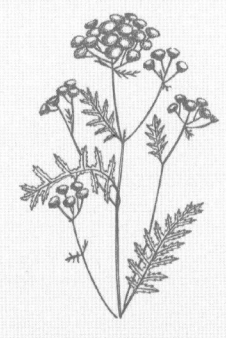

제11강

식물이 가르쳐준 것

1
모든 것은
양면성을 갖는다

　잡초라고 하면 부정적으로 받아들이기 쉽지만 사실 단어 자체에 해롭거나 나쁜 의미는 전혀 없다. 잡초의 '잡雜'은 잡지와 잡학처럼 '특별하지 않은 여러 가지'를 뜻한다. 잡목이나 잡어도 마찬가지다. 잡초를 좋지 않게 받아들이는 사고방식은 서양의 이분법적 사고, 즉 모든 것을 선과 악으로 구분하고 사악한 존재는 심판을 받아야 한다는 생각에서 유래한다.
　영어로 잡초는 '위드weed'다. 위드는 쓸모없는 풀이며 대마 등 마약으로 쓰이는 식물을 지칭한다. 심지어 약초를 이용해 약을 만드는 기술을 마술로 치부하고 약초에 정통한 사람을 마녀로 칭하기도 했다. 물론 서양에서 식용으로 사용되는 풀도 있다. 그런 식물은 '허브herb'라 부른다.
　한편 동양에서는 사물의 앞뒤가 있듯이 세상의 모든 것은 장점과

단점을 가진다고 여긴다. 당연히 식물도 양면적인 특성을 보인다. 예를 들어 쑥은 산과 들에서 쉽게 보는 잡초지만 음식의 재료로 사용할 수 있다.

어느 한 쪽으로 분류할 수 없는 애매함은 자연계의 특징이다. 근대 과학에 익숙한 우리는 불분명한 경계를 받아들이기 어려울지 모르지만 사실 자연에는 명확한 구분이 없다. 설악산은 어디까지 설악산일까? 산기슭에 펼쳐진 들판에는 경계선이 없다. 경계선은 인간이 이해하기 쉽도록 정해놓은 것에 불과하다. 예컨대 돌고래와 고래는 어떻게 다를까? 돌고래와 고래는 겉모습이 다르지만 경계를 나누기 어렵다. 분류학에서는 단순히 크기가 3미터 미만인 종류를 돌고래라 하고 3미터 이상인 종류를 고래라고 부른다. 생물학적으로 돌고래와 고래의 명확한 차이가 없음에도 인간이 편의상 선을 그어놓은 것이다.

2
애매함을
받아들여라

 서양의 기독교 세계관에서는 신이 세상을 창조했다. 신이 창조한 세계에는 분명 질서가 존재할 것이다. 신이 만들어낸 질서를 하나하나 밝혀내는 것이 서양에서 탄생한 자연과학이다. 그렇게 자연의 체계를 정리했고 인류의 행복을 위해 자연을 활용하는 데 집중했다.

 과학은 분류에 핵심이 있다. 단순화해서 정리하고 이해하는 논리적인 사고를 발달시켰다. 하지만 자연에는 경계가 애매한 것이 많다. 파랑인지 초록인지 매번 명확히 구분할 수 있을 만큼 단순하지 않다. 애매하고 모르는 것 투성이다.

 예전에 산골 마을에 사는 한 노인을 만난 적이 있다. 노인은 야산에 나는 온갖 식물을 알고 있었다. 나는 길가에 피어난 꽃을 가리키며 이것저것 이름을 물었다. 성의껏 대답을 해주던 노인은 이렇게 대답했다.

"아 그거, 그건 잡초일세."

그는 먹을 수 있는 풀이나 생활에 쓰이는 식물은 모두 알고 있었다. 그 이외의 식물은 모두 잡초였다. 이름을 모르는 것이 아니라 그저 그에게는 잡초일 뿐이었다. 길가의 잡초가 생태계에서 어떤 역할을 하고 있을지 정확히 알 수 없다. 복잡한 관계로 연결된 자연을 인간이 이해하기란 어렵다. 노인은 그것을 구분하거나 이해하려 애쓰지 않았다. 좋지도 나쁘지도 않은 그저 잡초일 뿐이었다.

3

크다고
강한 것은 아니다

　잡초는 수백 년을 사는 크고 튼튼한 나무에 비하면 작고 보잘 것 없어 보일지 모른다. 하지만 자연에서는 늘 강한 자가 이기는 것이 아니다. 때론 힘으로 승부하기보다 힘을 받아넘기는 전략이 필요하다. 역경과 변화를 기회로 삼아 자신만의 강점으로 살아남는 것이다.
　불교의 제행무상처럼, 이 세상에 형태가 있는 모든 것은 불안정하며 끊임없이 변화하고 있다. 같은 상태를 유지하고 있는 것은 없다. 그런 변화 속에서 생존하는 방법 역시 한 가지일 수 없다.
　잡초는 역경과 변화를 극복하고 살아나가는 강인함을 표상한다. 때론 누구보다 먼저 싹을 틔우고 때론 수개월을 땅속에서 숨죽여 기다린다. 길가와 도로에서는 성장점을 낮춰서 아무리 베이고 밟혀도 자라날 수 있는 능력을 키운다. 환경에 따라 형태를 바꾸고 성질을 변화시켜 가능한 한 많은 씨앗을 생산한다. 지표면의 작은 풀이 얼마나 끈질기고 치열하게 싸우고 있는지 안다면 감탄하지 않을 수 없다. 잡초는 자신의 생존을 통해 진정한 강함은 겉으로 보이는 크기가 아니라는 사실을 보여준다.

나가는 글

밟히고 밟혀도 다시 일어난다.

괴로워도 힘들어도 다시 일어선다.

잡초를 보며 많은 사람이 떠올리는 모습이다. 하지만 이 책을 끝까지 읽은 여러분은 이제 그렇게 생각하지 않을 것이다. 잡초의 생존법은 근성론이 아니다. 무척 합리적이고 전략적이다.

이미 여러 번 말했지만 잡초가 밟혀도 일어선다는 것은 완전한 오해다. 한 번 밟혔다면 그럴지도 모른다. 그렇지만 계속 반복해서 밟히면 더는 일어나려고 하지 않는다. 오히려 진정한 잡초의 전략은 밟혔을 때 일어나지 않는 것이다.

식물에게 중요한 것은 씨앗을 남기는 일이다. 그러므로 종종 밟히는 장소에서 일어서기 위해 힘을 다 써버리는 것은 손해다. 가능한 많은 씨앗을 널리 퍼트리는 일에 에너지를 모두 쏟아야 한다. 그것이 약하고 작은 식물이 역경을 딛고 살아가는 방법이다.

목표를 잃지 않는 것이야말로 진정한 잡초의 힘이다. 스스로 똑똑하다고 으스대던 사람도 역경을 마주하면 서둘러 벗어나려고만 한다. 예측하지 못한 변화라면 더욱 어찌할 바를 몰라 중심을 잃기 쉽다. 그럴 땐 식물을 보자. 작은 식물이 생존하는 전략을 잘 살펴보자.

예측 불가능한 변화의 시대에서 우리가 '잃어버리지 말아야 할 목표'는 과연 무엇일까? 가만히 풀밭에 앉아 있으면 바람에 흔들리는 식물이 질문을 던지는 것만 같다.

부록

이나가키 히데히로 교수의
'잡초와 인생'

Q 이나가키 교수님이 연구하는 '잡초학'은 어떤 학문인가요?

농업이나 녹지를 관리할 때는 잡초가 자라는 것을 방지하거나 제거하는 일이 매우 중요합니다. 잡초학은 잡초의 특징을 잘 파악해서 잡초를 방제할 수 있는 방법을 개발하는 데 초점을 맞추고 있습니다.

Q 기본적으로 잡초를 없애기 위한 학문이군요. 하지만 교수님의 저서에서는 잡초를 향한 남다른 애정을 느낄 수 있었습니다. 어린 시절부터 잡초에 흥미가 있었나요?

아니요. 전혀 관심 없었어요. 그저 자연과학 분야가 흥미로워 농학부에 진학했고 농작물을 연구하는 작물학을 전공했습니다. 그런데 졸업 연구로 골풀을 키우던 중에 한 번도 본 적 없는 풀이 자라난 것을 발견했습니다. 연구실 교수님께 "이 풀은 무엇인가요?"라고 물었더니 꽃이 피면 도감에서 찾아볼 수 있으니 "일단은 꽃이 필 때까지 놔둬봐"라고 하더군요. 그래서 이후 주의 깊게 살펴보았습니다.

골풀은 작물이므로 교과서에 어떻게 키워야 하는지 나와 있고 어떻게 자랄지 예상할 수 있습니다. 하지만 그 옆에 자란 풀은 얼마나 커질지, 언제 어떤 꽃을 피울지를 전혀 알 수 없었어요. 매일 골풀을 관찰하는 가운데 점점 옆에 자란 잡초에 더 관심이 가기 시작했습니다. 모르는 것투성이라서 눈을 뗄 수 없게 된 거예요. 졸업 후 해외 대학원에 진학할 예정이었지만 잡초에 마음을 빼앗겨 갑자기 진로를 바꾸었습니다. 막 신설된 잡초 연구실에 들어가기로 했지요.

Q 대학원을 수료하고 농림수산성에서 일했죠?

농학부에서 배운 것을 활용해 많은 사람에게 실질적으로 도움이 되는 일을 하고 싶다는 생각에 공무원을 지망했습니다. 농림수산성에는 연구실이 따로 있어서 연구원으로 일하고 싶었는데 사무직에 배속되었어요. 농업 정책을 계획하는 일에 참여하게 된 것입니다. 저는 농가의 국세 조사를 담당했습니다. 이후 농업 정책을 세우기 위해 어떤 통계 자료가 필요한지 계획하고 각 도청에 조사를 실시하도록 전달하는 일을 맡았습니다. 잡초와는 전혀 관계 없는 일이었지만 새로운 경험이나 지식을 배울 수 있어서 재미있었어요. 더구나 내가 하는 일이 조금이라도 세상을 변화하게 하는구나, 나는 세상과 함께 살아가고 있구나 하는 느낌이 들어 행복했습니다.

다만 연구에 몰두하고 싶다는 생각을 내려놓은 적은 없었습니다. 한편 제가 입사한 1993년은 기록적인 냉해로 전국의 논이 큰 피해를 입어 쌀 부족 상황이 뉴스에 보도된 해였어요. 국가 위기 상황이었음에도 당시 저는 어떤 논의가 이루어지고 있는지 직접 지켜볼 기회가 없었습니다. 그런 경험을 하며 좀 더 농업 현장 가까이에서 일하고 싶다는 생각이 강하게 들었어요. 결국 입사 3년째 되던 해 고향으로 내려와 시즈오카현의 공무원이 되었습니다.

Q 그때부터 본격적으로 연구자의 길로 들어선 것인가요?

그건 아닙니다. 저는 농가 사람들에게 기술이나 경영 지원을 하는 부서에 배치되었습니다. 그중에서도 축산 지도원을 맡았죠. 축산 지도원이었지만 사실 저는 소를 제대로 본 적이 거의 없었어요. 오히려 농가에서 배우는 것이 더 많았습니다. 염원하던 연구 기관으로 이동한 것은 3년 후였습니다. 처음에 정해진 연구 주제는 바이오테크놀로지를 활용해 새로운 품종을 육성하고 종자를 증식하는 것이었습니다. 그 후 토양 비료와 꽃의 품종 개량, 해충 방지 같은 다양한 주제를 연구했습니다만, 2013년 시즈오카대학교로 옮길 때까지 잡초와 관련된 연구를 한 적은 없었습니다. 이것저것 건드리기만 했을 뿐 '잡초 연구를 하고 있습니다'라고 말할 수 있게 된 것은 아주 최근입니다. 물론 돌이켜보면 전부 잡초학 연구와 어느 정도 연결돼 있었다는 생각이 듭니다.

Q 쓸모 없는 경험은 없었다는 것이군요.

맞습니다. 예를 들어 축산 지도원으로 일할 당시 수많은 농가에서 목초지의 잡초가 골칫거리라는 사실을 알았습니다. 소에 대한 지식은 없었지만 '잡초라면 내가 할 수 있는 일이 있을지 모른다'는 생각으로 잡초 대책을 세웠고 효과가 꽤 좋았습니다. 덕분에 농민들에게 신뢰를 얻을 수 있었죠. 품종 개량 연구에서는 꽃을 빨리 피우는 백합의 특성을 더욱 강화해 이전보다 더 빨리 꽃이 피는 백합을 만드는 데 성공한 적도 있고, 해충 방지 연구에서는 해충의 먹이가 되는 잡초를 관리해 해충의 숫자를 극적으로 줄이기도 했습니다. 잡초학이라는 명칭을 사용하지 않았을 뿐 여러 분야에서 잡초와 연결된 연구로 성과를 낸 것입니다.

또한 여러 분야의 연구 경험은 잡초학이라는 영역을 전문적으로 깊이 있게 파고드는 데에도 도움이 되었습니다. 저는 잡초의 생존 방법이나 생존 전략을 주제로 한 책을 준비하고 있어요. 그 역시 사무직으로 일하며 낯선 사회 생활에 지쳐 있을 때 우연히 출퇴근길 길가의 잡초가 눈에 들어온 것이 시작이었습니다. 교외 너른 풀밭에서 자라는 잡초와는 다른 생존 방식으로 도시에서의 삶을 헤쳐 나가는 모습에 관심을 갖게 된 것이죠. 그 후 잡초의 전략과 사람의 인생을 비교하며 잡초를 관찰했고 저만의 독특한 주제를 갖고 글을 쓸 수 있었습니다. 만약 대학을 졸업하고 바로 잡초학을 연구했다면 그런 기회는 없었을 것입니다.

많은 이들이 사회에 나와서 원하는 대로 일하지 못하곤 합니다. 그런 때 실망하고 좌절해서 포기하지 말고, 자신이 좋아하는 것이나 하고 싶은 일을 가슴 깊이 품고 눈앞의 일을 해나가는 것입니다. 그러면 결국에는 하고 싶은 일에 점차 가까워질 수 있습니다.

Q 이나가키 교수님은 학창 시절부터 잡초학이라는 목표가 있었지만, 많은 사람이 좋아하는 일이나 하고 싶은 일을 찾지 못해 고민합니다.

저 역시 최근까지 같은 고민을 했습니다. 2013년 시즈오카대학교로 옮기고 '하고 싶은 연구를 해도 좋다'는 말을 들었을 때, 무엇을 해야 좋을지 알 수 없었어요. 농림수산성이나 시즈오카 공무원으로 일할 때는 상부에서 지시가 내려왔기 때문에 '이런 일을 해서 정말 의미가 있을까?' 또는 '내가 하고 싶은 것은 이런 게 아니었는데' 같은 반발심이 생기기도 했고 불평을 하기도 했습니다. 그런데 그런 상황이 모두 사라지자 내가 잡초학의 어떤 부분을 연구하고 싶은지, 무엇을 위해 연구하는지 알 수 없었어요. 잘 알고 있다고 생각했지만 사실 그렇지 못했습니다.

Q 그래서 이제는 답을 찾았습니까?

여전히 분명하지는 않지만 커다란 윤곽은 잡혔습니다. 잡초학은 농업이나 녹지 관리를 위해 잡초를 제거한다는 목적을 갖고 있습니다. 반면 잡초는 원래 경쟁에 약한 식물로, 약하기 때문에 이런저런 전략을 세워서 역경을 극복해 나가고 있습니다. 인간의 생존법과도 통하는 이런 모습을 다룬 글을 읽고 '용기를 얻었다', '도움이 되었다'고 말하는 독자가 상당 수 있습니다. 그런 목소리를 들으며 잡초의 생존법을 밝히는 연구가 인간에게 힘을 주기도 하고 교훈이 되기도 한다는 것을 알았습니다. 잡초학의 본래 목적과는 다르지만 잡초의 생존법을 많은 이들에게 전하는 것이 최근 제 연구 목적의 하나로 자리했습니다.

좋아하는 일이나 하고 싶은 일은 살아가면서 계속 찾아야 하는 것이겠죠. 하고 싶은 일을 발견했더라도 다시 찾아야 할 수도 있고 더 갈고 닦아야 할 수도 있습니다. 눈앞의 일을 해나가면서 계속 찾아가는 것이 아닐까요? 그러므로 장래의 일을 생각할 때, 우리는 종종 'A사에 들어가고 싶다'거나

'개발직에서 일하고 싶다' 등 회사나 직종을 정해놓곤 하지만, 잡초의 생존 방식에서 교훈을 얻자면 틀에 사로잡히지 않는 것이 중요하다고 생각합니다.

🔍 이 부분은 좀 더 자세한 설명이 필요하겠습니다.

잡초는 식물도감에 적힌 대로의 모습을 띠지 않는 경우가 많습니다. 옆으로도 위로도 퍼져나가고 크기 또한 개체에 따라 차이가 많이 나는 등 다채롭게 변화합니다. 종종 잡초는 '밟혀도 밟혀도 일어난다'고 알려져 있지만 그것은 사실이 아닙니다. 잡초는 밟히면 다시 일어나지 않습니다. 살아남아서 씨앗을 남기기 위해서라면 형태는 상관이 없고, 밟히기 쉬운 장소에서는 옆으로 누운 채로 있는 것이 손상이 적기 때문입니다. 형태에 신경 쓰지 않고 중요한 목표를 잃지 않는 것이야말로 잡초의 강점입니다.

'A사에 들어가고 싶다, 개발직에서 일하고 싶다'와 같이 외적인 부분만 보고 있으면 희망하던 것과 다른 환경에 놓이게 되었을 때 더욱 크게 실망할 수 있습니다. 하지만 '대학에서 배운 지식을 활용하고 싶다'거나 '다른 사람에게 도움이 되고 싶다' 같이 내적인 부분을 중시한다면 정말 하고 싶은 일이나 좋아하는 일을 할 수 있게 되기도 합니다. 어떤 일을 하고 싶다는 것이 아니라 인간으로서 어떻게 살아가고 싶은지를 생각해보기 바랍니다. 내일의 직업을 생각한다는 것은 그런 게 아닐까요?

흔히 '사람은 모두 유일무이한 존재이므로 최고가 되지 않아도 괜찮다'고들 하지만, 생물의 세계는 훨씬 엄격해서 최고가 아니면 살아남지 못합니다. 이것이 자연계의 철칙입니다. 그런데 어떻게 이렇게 수많은 생물이 지구상에 살아가고 있을까요? 모든 생물은 스스로 최고, 즉 일등이 될 수 있는 장소를 갖고 있기 때문입니다. 그런 장소를 식물학에서는 '니치'라고 합니다. 그럼 일등이 될 수 있는 곳을 찾기 위해서는 어떻게 해야 할까요? '나다움'을 높이는 것입니다.

무엇보다 잘하는 일이나 좋아하는 것으로 승부하는 것입니다. 좋아하지만 잘하지 못하기도 하고, 잘하는 일이지만 경쟁자가 너무 많은 경우도 있습니다. 그럴 때 생물은 '비틀어 보기'라는 전략을 취합니다. 예를 들면 디자인을 좋아하지만 그림을 잘 못 그린다면 디자이너와 협업하는 일을 선택할 수 있습니다. 그러면 좋아하는 동시에 잘하는 일을 찾을 수 있을지 모릅니다. 혹은 동료가 하지 않는 일을 찾아서 해보면 수많은 영업자 속에서 뛰어난 능력을 갖게 될 수도 있죠. 살아남기 위해서 절대 해서 안 되는 일은 남의 흉내를 내는 것입니다. 잘하는 일이나 좋아하는 일을 찾는 것은 인생을 충실하게 살기 위해서는 물론 생물의 법칙에 견주어서도 무척 중요한 일입니다.

Q 이나가키 교수님에게 일이란 무엇인가요?

다음 세 가지로 요약할 수 있습니다.

첫째, 일은 자신이 세상에서 작은 부분이나마 차지하며 살고 있다는 것을 실감하게 해준다. 둘째, 중심을 잃지 않으면서 다양한 경험을 한다면 전문성을 키울 수 있다. 셋째, 특정한 어떤 일을 하고 싶다는 욕구보다 인간으로서 어떻게 살고 싶은지, 근본 가치를 먼저 생각하자.

(2018년 2월 『취직저널』 인터뷰)

식물학 수업

불확실한 시대를 살아가는 잡초의 전략

1판 1쇄 펴냄 2021년 2월 20일
1판 3쇄 펴냄 2024년 4월 15일

지은이 이나가키 히데히로
옮긴이 장은정

출판등록 제2016-00241호(2016. 8. 2)
주소   16849 경기도 용인시 수지로113번길 15 206동 605호
전화   070-4063-6926
팩스   02-6499-6926
이메일 kyrabooks823@gmail.com
ISBN   979-11-90783-02-6 (03480)

- 잘못된 책은 구입하신 곳에서 바꿔 드립니다.
- 이 책의 내용을 재사용하려면 반드시 저작권자의 사전 동의를 받아야 합니다.